建筑工程施工管理

李 琼 欧阳广栋 张丙利 著

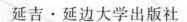

延吉·延边大学出版社

图书在版编目（CIP）数据

建筑工程施工管理 / 李琼，欧阳广栋，张丙利著.

延吉 ：延边大学出版社，2024. 9. -- ISBN 978-7-230
-07132-1

Ⅰ. TU71

中国国家版本馆 CIP 数据核字第 2024AN2433 号

建筑工程施工管理

著　　者：李　琼　欧阳广栋　张丙利

责任编辑：金倩倩

封面设计：文合文化

出版发行：延边大学出版社

社　　址：吉林省延吉市公园路 977 号

邮　　编：133002

网　　址：http://www.ydcbs.com

E-mail：ydcbs@ydcbs.com

电　　话：0451-51027069

传　　真：0433-2732434

发行电话：0433-2733056

印　　刷：三河市嵩川印刷有限公司

开　　本：787 mm×1092 mm　1/16

印　　张：11.5

字　　数：216 千字

版　　次：2024 年 9 月　第 1 版

印　　次：2025 年 1 月　第 1 次印刷

ISBN 978-7-230-07132-1

定　　价：68.00 元

前　　言

　　建筑业作为国家经济发展的支柱型产业，为国家经济的持续发展作出了重要贡献。在建筑行业不断发展的同时，建筑规模及数量也在不断提升，施工技术也越来越被人们重视。施工企业必须努力提升施工技术，同时还要提升自身的管理水平，建立相应的组织、采取相应的协调措施，使施工质量和施工安全得到应有的保障。在保证质量的前提下，也要合理地降低企业的成本。只有这样，才能在一定程度上促进企业自身的持续稳定发展，从而促进建筑行业的发展与进步。

　　建筑工程施工技术与施工管理是建筑施工中的重要内容，二者联系密切，既相互促进，又相互制约，在实际施工中，应当保证二者相互配合，共同提升建筑工程的整体质量。最近几年，随着建筑行业的持续发展、建筑工程施工技术水平的不断提高，在建筑工程施工中，施工技术的整体管理水平也在逐渐地提高。因此，对于建筑企业来说，要想满足施工市场的发展需要，就必须重视自身的技术管理水平，及时解决施工技术管理过程中存在的问题，不断提高自身的工程施工技术管理水平。

　　随着市场经济的持续发展，现代人对建筑物及住房的要求向着多元化和个性化的方向发展。在这样的背景下，建筑物的类型必然会向着多元化方向积极转变，并且不同建筑物的规模及差异将会逐渐地凸显出来。与此同时，社会大众对建筑工程安全和质量的关注度不断提升，所以建筑施工企业必须提高建筑工程施工技术管理的整体水平，降低施工成本，全面提高施工效率，并在施工过程中积极创新，这样才能促进建筑行业持续稳定发展。

目　录

第一章　建筑工程施工的基本原理 ·································1

第一节　建筑产品与建筑工程施工的特点 ·················1

第二节　建筑工程测量 ·····································3

第三节　建筑施工组织设计 ·································5

第二章　建筑工程施工技术 ···································10

第一节　地基基础施工技术 ································10

第二节　主体结构施工技术 ································26

第三节　装饰装修工程施工技术 ···························40

第三章　建筑工程招投标管理 ·································52

第一节　建筑工程招投标的基本知识 ·······················52

第二节　建筑工程招投标管理现状及改进策略 ···············63

第四章　建筑工程成本管理 ···································67

第一节　建筑工程成本管理概述 ···························67

第二节　建筑工程成本控制 ································73

第三节　建筑工程成本核算 ································78

第五章　建筑工程进度控制 ···································83

第一节　建筑工程进度控制概述 ···························83

第二节　建筑工程设计阶段的进度控制 ·····················89

第三节　建筑工程施工阶段的进度控制 ·····················93

第六章　建筑工程安全管理 ··································106

第一节　建筑工程安全管理概述 ··························106

　　第二节　建筑工程安全管理的不安全因素识别 ················· 115

　　第三节　建筑工程施工安全事故应急预案 ··················· 123

第七章　建筑工程质量管理 ································· **130**

　　第一节　建筑工程质量概述 ····························· 130

　　第二节　建筑工程质量管理的内容 ······················· 135

　　第三节　建筑工程质量管理的方法与手段 ··················· 145

第八章　建筑工程风险管理 ································· **156**

　　第一节　建筑工程风险识别 ····························· 156

　　第二节　建筑工程风险评估 ····························· 162

　　第三节　建筑工程风险的控制与管理 ····················· 168

参考文献 ··· **175**

第一章　建筑工程施工的基本原理

第一节　建筑产品与建筑工程施工的特点

建筑产品是指建筑企业通过施工活动生产出来的产品。建筑产品与建筑工程施工的特点如下：

一、建筑产品的特点

（一）建筑产品的固定性

一般建筑产品由基础和主体两部分组成。基础承受其全部荷载，并传给地基，同时将主体固定在地面上。任何建筑产品都是在选定的地点上建造和使用的，它在空间上是固定的。

（二）建筑产品的多样性

建筑产品的艺术价值要体现出地方的或民族的风格。同时，由于受到建造地点的自然条件等诸多因素的影响，建筑产品在规模、建筑形式、构造和装饰等方面具有多种差异。可以说，世界上没有两个一模一样的建筑产品。

（三）建筑产品的体积庞大性

无论是复杂还是简单的建筑产品，均是为构成人们生活和生产的活动空间，或满足某种实用功能而建造的。因此，建筑产品与其他工业产品相比较，体积比较庞大。

二、建筑工程施工的特点

建筑产品本身的特点决定了建筑工程的施工过程具有以下特点：

（一）建筑工程施工的流动性

建筑产品的固定性决定了建筑工程施工的流动性。在建筑产品的生产过程中，工人及其使用的材料和机具不仅要随着建筑产品建造地点的变化而流动，在同一建筑产品的施工中，还要随着建筑产品建造部位的变化而移动施工的工作面。这给建筑工人的生活和生产带来了很多不便，这也是建筑工程施工区别于一般工业生产的重要不同点。

（二）建筑工程施工的单件性及连续性

建筑产品地点的固定性和类型的多样性决定了产品生产的单件性。每个建筑产品应在选定的地点单独设计和施工。人们一般把建筑物分为基础工程、主体工程和装饰工程三部分，一个功能完善的建筑产品需要完成所有的施工步骤才能够投入使用。

另外，部分施工工艺要求不间断施工，这使得一些施工工作具有一定的连续性，如混凝土的浇筑。

（三）建筑工程施工周期长并具有季节性

建筑产品的体积庞大性决定了其施工周期长，需要投入大量的劳动力、材料、机械设备等。与一般的工业产品相比，建筑工程的施工周期少则几个月，多则几年甚至几十年，这也使得施工具有季节性特点。

（四）建筑工程施工的复杂性

建筑产品的特点决定了建筑工程施工的复杂性。一方面，建筑产品多为露天作业，这必然使施工活动受自然条件的制约；另一方面，在施工活动中还有大量的高空作业、地下作业，这使得建筑施工具有复杂性。这就要求相关单位提前做好准备，在施工前有一个全面的施工组织设计，提出相应的技术、组织、质量、安全、节约等保障措施，避免发生安全事故。除此之外，建筑产品的建造时间长，地域差异、环境变化、政策变化、原材料价格变化等因素也使得建筑施工过程充满变数。

第二节　建筑工程测量

一、建筑工程测量的任务

建筑工程测量属于工程测量学范畴，它是指建筑工程在勘察设计、施工建设和组织管理等阶段，相关人员应用测量仪器和工具，采用一定的测量技术和方法，根据工程施工进度和质量要求，完成应进行的各种测量工作的过程。

建筑工程测量的主要任务如下：

第一，大比例尺地形图的测绘。按照规定的符号和比例尺将工程施工区域内的各种地面物体的位置和地面的起伏形态绘制成地形图，为工程施工的规划设计提供必要的图纸和资料。

第二，施工放样测量。建筑物施工放样测量是按照设计图纸所给定的条件和有关数据，将拟建建筑物的位置和大小在实地标定出来而进行的测量工作，为施工、质量控制、工程验收、修缮与维护等提供资料。

第三，建筑物的变形观测。对一些大型的、重要的或位于不良地基上的建筑物，在施工期间，为了确保安全，需要了解其稳定性，定期进行变形观测。同时，变形观测可作为对设计、地基、材料、施工方法等的验证依据，能起到提供基础研究资料的作用。

二、建筑工程测量的作用

建筑工程测量在工程施工中被广泛应用，它服务于工程施工的每一个阶段。建筑工程测量的作用如下：

第一，在工程勘测阶段，测绘地形图，为规划设计提供各种比例尺的地形图和测绘资料。

第二，在工程设计阶段，应用地形图进行总体规划和设计。

第三，在工程施工阶段，施工前，要将在图纸上设计好的建筑物的平面位置和高程按设计要求落在实地，以此作为施工的依据；在工程施工中，要经常对施工和安装工作进行检验、校核，以此来保证所建工程符合设计要求；在工程竣工后，还要进行竣工测量，供日后扩建和维修之用。

第四，在工程管理阶段，对建筑物进行变形观测，以保证工程的使用安全。

总而言之，在工程施工的各个阶段都需要进行测量工作，并且测量的精度和速度直接影响整个工程的质量和进度。

三、建筑工程测量的基本原则

无论是测绘地形图还是施工放样，都不可避免地产生误差。如果从一个测站点开始，不加任何控制地依次逐点施测，前一点的误差将传递到后一点，逐点累积，点位误差将越来越大，最终会导致测量结果不准确，不符合施工标准的要求。另外，逐点传递的测量效率也很低。因此，测量工作必须按照一定的原则进行。

（一）"从整体到局部，先控制后碎部"的原则

无论是测绘地形图还是施工放样，在测量过程中，为了减少误差的累积，保证测区内所测点的必要精度，首先应在测区选择一些有控制作用的点（称为控制点），将它们的坐标和高程精确测定出来，然后分别以这些控制点作为基点，测定出附近碎部点的位置。这样，不仅可以很好地减少误差的累积，还可以通过控制测量将测区划分为若干个小区，同时在几个工作面展开碎部点测定工作，加快测量速度。

（二）"边工作边检核"的原则

测量工作一般分为外业工作和内业工作两种。外业工作的内容包括应用测量仪器和工具在测区内所进行的各种测定和测设工作；内业工作是将外业观测的结果加以整理、计算，并绘制成图以供使用。测量成果的质量取决于外业工作，但外业工作又要通过内业工作才能获得成果。

为了防止出现错误，无论是外业工作还是内业工作，都必须坚持"边工作边检核"的原则，即每一步工作均应进行检核，前一步工作未作检核，不得进行下一步工作。这样，不仅可以大大减少测量成果出错的概率，同时，由于每步都有检核，还可以及早发

现错误，减少返工重测的工作量，从而保证测量成果的质量和较高的工作效率。

四、建筑工程测量的基本要求

测量工作是一项严谨、细致的工作，可谓"失之毫厘，谬以千里"。因此，在建筑工程测量过程中，测量人员必须坚持"质量第一"的理念，以严肃、认真的工作态度，保证测量成果的真实性、客观性和原始性。另外，还要爱护测量仪器和工具，在工作中发扬团队精神，并做好测量工作的记录。

第三节 建筑施工组织设计

一、建筑施工组织设计的概念

建筑施工组织设计是以施工项目为对象编制的，用以指导施工的技术、经济和管理的综合性方案。

建筑施工组织设计的任务是对具体的拟建工程（建筑群或单个建筑物）的施工准备工作和整个施工过程，在人力和物力、时间和空间、技术和组织上作出一个全面且合理的计划和安排。

建筑施工组织设计为对拟建工程施工全过程进行科学管理提供了重要依据。通过建筑施工组织设计的编制，可以全面考虑拟建工程的各种具体条件，拟定合理的施工方案，确定施工顺序、施工方法、劳动组织和技术经济的组织措施，拟定施工进度计划，保证拟建工程按期投产或交付使用；也可以为拟建工程设计方案在经济上的合理性、技术上的科学性和实施工程上的可能性的论证提供依据；还可以为建设单位编制基本建设计划和施工企业编制施工计划提供依据。根据建筑施工组织设计，施工企业可以提前确定人力、材料和机具使用上的先后顺序，全面安排资源的供应与消耗，合理地确定临时设施的数量、规模和用途，以及临时设施、材料和机具在施工场地上的布置方案。

二、建筑施工组织设计的原则与依据

（一）建筑施工组织设计的原则

第一，符合施工合同或招标文件中有关工程进度、质量、安全、环境保护、造价等方面的要求。

第二，积极开发、使用新技术和新工艺，推广应用新材料和新设备。

第三，坚持科学的施工程序和合理的施工顺序，采用流水施工和网络计划等方法，科学配置资源，合理布置现场，采取季节性施工措施，实现均衡施工，满足经济技术指标的要求。

第四，采取技术和管理措施，推广建筑节能和绿色施工。

第五，与质量、环境和职业健康安全三个管理体系有效结合。

（二）建筑施工组织设计的依据

第一，与工程施工有关的法律、法规和文件。

第二，国家现行有关标准和技术经济指标。

第三，工程所在地区行政主管部门的批准文件，建设单位对施工的要求。

第四，工程施工合同或招标投标文件。

第五，工程设计文件。

第六，工程施工范围内的现场条件，工程地质及水文地质、气象等自然条件。

第七，与工程有关的资源供应情况。

第八，施工企业的生产能力、机具设备状况、技术水平等。

三、建筑施工组织设计的作用和分类

（一）建筑施工组织设计的作用

第一，建筑施工组织设计作为投标书的重要内容和合同文件的一部分，用于指导工程投标和签订施工合同。

第二，建筑施工组织设计是施工准备工作的重要组成部分，同时又是做好施工准备工作的依据。

第三，建筑施工组织设计是根据工程各种具体条件拟定的施工方案、施工顺序、劳动组织和技术组织措施等，是指导开展紧凑、有序施工活动的技术依据。它明确了施工重点和影响工期进度的关键施工过程，并提出了相应的技术、质量、安全等各项指标及技术组织措施，有利于提高综合效益。

第四，建筑施工组织设计所提出的各项资源需用量计划，可以直接为组织材料、机具、设备、劳动力需用量的供应和使用提供依据，协调各总包单位与分包单位，各工种，各类资源、资金等在施工程序、现场布置和使用上的关系。

第五，编制建筑施工组织设计，可以合理利用和安排施工服务的各项临时设施，可以合理地部署施工现场，确保文明施工和安全施工。

第六，通过编制建筑施工组织设计，可以将工程的设计与施工、技术与经济、施工全局性规律和局部性规律、土建施工与设备安装、各部门及专业之间有机结合起来，统一协调。

第七，通过编制建筑施工组织设计，可以分析施工中的风险和矛盾，及时研究解决问题的对策、措施，从而提高施工的预见性，减少盲目性。

（二）建筑施工组织设计的分类

建筑施工组织设计是一个总的概念，根据建设项目的类别、工程规模、编制阶段、编制对象和范围的不同，在编制的深度和广度上也会有所不同。

1.按编制阶段的不同分类

按编制阶段的不同，建筑施工组织设计可以分为不同的类型，具体如图1-1所示：

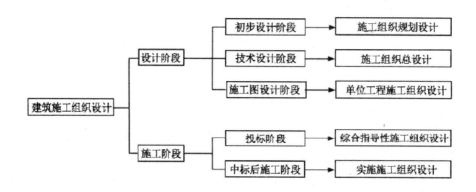

图 1-1　建筑施工组织设计的分类

2.按编制对象范围的不同分类

建筑施工组织设计按编制对象范围的不同，可分为施工组织总设计、单位工程施工组织设计和分部分项工程施工组织设计三种。

施工组织总设计以一个建设项目或一个建筑群为对象进行编制，对整个建设工程施工过程的各项施工活动进行全面规划、统筹安排和战略部署，是全局性施工的技术经济文件。

单位工程施工组织设计是以一个单位工程为对象进行编制的，用于直接指导施工全过程的各项施工活动的技术经济文件。

分部分项工程施工组织设计（也叫分部分项工程作业设计）是以分部、分项工程为编制对象，用以具体控制其施工过程的各项施工活动的技术、经济和组织的综合性文件。一般对于工程规模大、技术复杂或施工难度大的建筑物，在编制单位工程施工组织设计之后，常常需对某些重要的又缺乏经验的分部、分项工程再深入编制施工组织设计。例如，深基础工程、大型结构安装工程、高层钢筋混凝土主体结构工程、地下防水工程等。

四、建筑施工组织设计编制的内容

（一）施工组织总设计编制的内容

第一，建设项目的工程概况。

第二，全场性施工准备工作计划。

第三，施工部署及主要建筑物的施工方案。

第四，施工总进度计划。

第五，各项资源需要量计划。

第六，全场性施工总平面图设计。

第七，各项技术经济指标。

（二）单位工程施工组织设计编制的内容

第一，工程概况及其施工特点的分析。

第二，施工方案的选择。

第三，单位工程施工准备工作计划。

第四，单位工程施工进度计划。

第五，各项资源需要量计划。

第六，单位工程施工平面图设计。

第七，冬、雨季施工的技术组织措施。

第八，主要技术经济指标。

（三）分部分项工程施工组织设计编制的内容

第一，分部分项工程概况及其施工特点的分析。

第二，施工方法及施工机械的选择。

第三，分部分项工程施工准备工作计划。

第四，分部分项工程施工进度计划。

第五，劳动力、材料和机具等需要量计划。

第六，质量、安全和节约等技术组织保证措施。

第七，作业区施工平面布置图设计。

第二章　建筑工程施工技术

第一节　地基基础施工技术

在建筑工程中，位于建筑物的最下端，埋入地下并直接作用在土层上的承重构件称为基础。它是建筑物重要的组成部分。支撑在基础下面的土层叫作地基。地基不属于建筑物的组成部分，它是承受建筑物荷载的土层。建筑物的全部荷载最终由基础传给地基。

基础的类型较多，按基础所采用的材料和受力特点划分，有刚性基础和非刚性基础；按基础的构造形式划分，有条形基础、独立基础、筏形基础、箱形基础、桩基础等；按基础的埋置深度划分，有浅基础和深基础等。

一、地基处理

建筑物的地基，除应保证稳定性外，建筑物建成后还不应有影响其安全与使用的沉降和不均匀沉降。当天然地基无法满足这两个要求时，则必须对地基进行加固和处理。当已有建筑物的地基发生事故，或建筑物加层时，也需要对地基进行处理。经处理后的地基称为人工地基。

中国地域辽阔，自然地理环境不同，土质各异，土的强度、缩性和透水性等有很大的差别。其中，有不少是软土或不良土，如淤泥和淤泥质土、冲填土、杂填土、泥炭土、膨胀土、湿陷性黄土、季节性冻土、岩溶和土洞等。随着国民经济不断地发展，建筑物的重量和占地范围越来越大，还经常不得不在工程地质条件不良的场地上建造房屋，因此，对地基处理的需求也越来越多。此外，当遇有旧房改造、加层、工厂扩建引起荷载增大，或深基础开挖和修建地下工程时，为防止出现土体失稳破坏、地面变形和地下水渗流等现象，也都要求对地基进行处理。

近年来，国内外地基处理的技术迅速发展，处理的方法越来越多，但是，人们必须针对地基土的特性以及上部结构对地基的要求，有的放矢、因地制宜地选择处理方法。要总结国内外在地基处理方面的经验教训，发展地基处理的技术，提高地基处理的水平，节约基本建设投资。

（一）地基处理的目的

地基处理的目的是利用各种地基处理的方法对地基土进行加固处理，用以改善地基土的工程特性，主要表现在以下几个方面：

（1）提高地基土的抗剪强度

地基土的剪切破坏表现在：建筑物的地基承载力不够，偏心荷载及侧向土压力的作用使建筑物失稳；填土或建筑物荷载使邻近的地基土产生隆起；土方开挖时边坡失稳；基坑开挖时坑底隆起。地基的剪切破坏反映了地基土的抗剪强度不足，因此，为了防止剪切破坏，就需要采取一定措施来增加地基土的抗剪强度。

（2）降低地基土的压缩性

地基土的压缩性表现在：建筑物的沉降和差异沉降较大，填土或建筑物荷载使地基产生固结沉降；作用于建筑物基础的负摩擦力引起建筑物的沉降；大范围地基的沉降和不均匀沉降；基坑开挖引起邻近地面沉降；由于降水，地基产生固结沉降。地基的压缩性反映了地基土的压缩模量指标的大小。因此，需要采取措施以提高地基土的压缩模量，从而减少地基的沉降或不均匀沉降。

（3）改善地基土的透水特性

地基土的透水性表现在：堤坝等基础产生的地基渗漏；在基坑开挖工程中，因土层内夹薄层粉砂或粉土而产生流沙和管涌。因此，必须采取措施使地基土降低透水性并减少其上的水压力。

（4）改善地基土的动力特性

地基土的动力特性表现在：地震时饱和松散粉细沙（包括部分粉土）将产生液化，由于交通荷载或打桩等，邻近地基产生振动下沉。为此，需要采取措施防止地基液化并改善地基土的振动特性，提高地基的抗震性能。

（5）改善特殊土的不良地基特性

改善特殊土的不良地基特性主要是消除或减弱黄土的湿陷性和膨胀土的胀缩

特性等。

（二）地基处理的方法

地基处理的方法可分为物理地基处理方法、化学地基处理方法以及生物地基处理方法。

各种地基处理方法、原理、作用及其适用范围见表2-1。

表2-1　各种地基处理方法、原理、作用及其适用范围

编号	分类	处理方法	原理及作用	适用范围
1	碾压及夯实	重锤夯实，机械碾压，振动压实，强夯法（动力固结）	利用压实原理，通过机械碾压夯击，把表层地基土压实，强夯则利用强大的夯击能，在地基中产生强烈的冲击波和动应力，迫使土动力固结密实	适用于碎石、沙土、粉土、低饱和度的黏性土、杂填土等
2	换填垫层	沙石垫层，素土垫层，灰土垫层，矿渣垫层	以沙石、素土、灰土和矿渣等强度较高的材料，置换地基表层软弱土，提高持力层的承载力，扩散应力，减少沉降量	适用于处理暗沟、暗塘等软弱土地基
3	排水固结	天然地基预压，沙井预压，塑料排水带预压，真空预压，降水预压	在地基中增设竖向排水体，加速地基的固结和强度增长，提高地基的稳定性；加速沉降发展，使地基沉降提前完成	适用于处理饱和软弱土层；对于渗透性极低的泥炭土，必须慎重对待
4	振密挤密	振冲挤密，灰土挤密桩，沙石桩，石灰桩，爆破挤密	采用一定的技术措施，通过振动或挤密，使土体的孔隙减少，强度提高；必要时，在振动挤密的过程中，回填沙、砾石、灰土、素土等，与地基土组合成复合地基，从而提高地基的承载力，减小沉降量	适用于处理松沙、粉土、杂填土及湿陷性黄土
5	置换及拌入	振冲置换，深层搅拌，高压喷射注浆，石灰桩等	采用专门的技术措施，以沙、碎石等置换软弱土地基中部分软弱土，或在部分软弱土地基中掺入水泥、石灰或砂浆等形成增强体，与未处理部分土组成复合地基，从而提高地基的承载力，减少沉降量	黏性土、冲填土、粉砂、细沙。振冲置换法对于排水剪切强度 $C_u < 20$ kPa 时慎用

编号	分类	处理方法	原理及作用	适用范围
6	加筋	土工合成材料加筋，锚固，树根桩，加筋土	在地基土中埋设强度较大的土工合成材料、钢片等加筋材料，使地基土能够承受抗拉力，防止断裂，保持整体性，提高刚度，改变地基土体的应力场和应变场，从而提高地基的承载力，改善地基的变形特性	软弱土地基、填土及高填土、沙土
7	其他	灌浆、冻结、托换技术，纠偏技术	通过独特的技术措施处理软弱土地基	根据实际情况确定

（三）地基处理方法的选用原则

地基处理的效果能否达到预期目的，首先有赖于地基处理方案选择是否得当、各种加固参数设计得是否合理。地基处理方法虽然很多，但任何一种方法都不是万能的，都有其各自的适用范围和优缺点。由于具体工程条件和要求各不相同，地质条件和环境条件也不相同。此外，施工机械设备、所需的材料也会因提供部门的不同而产生很大差异。施工队伍的技术素质状况、施工技术条件和经济指标比较状况都会对地基处理的最终效果产生很大的影响。一般来说，在选择确定地基处理方案以前应充分地综合考虑以下因素：

（1）地质条件

地形、地质；成层状态；各种土的指标（物理、化学、力学）；地下水条件。

（2）结构物条件

结构物形式，规模；要求的安全度，重要性。

（3）环境条件

第一，气象条件。

第二，噪声、振动情况，振动、噪声可能对周围居民或设施的影响。

第三，邻近的建筑物，桥台、桥墩，地下结构物等，在加固过程中是否有影响，以及相应的对策。

第四，地下埋设物，应查明上下水道、煤气，电讯电缆管线的位置，以便采取相应的对策。

第五，机械作业、材料堆放的条件，在加固过程中，涉及施工机械作业和大量建筑材料进场堆放，为此，要解决道路与临时场地等问题。

第六，电力与供水条件。

（4）材料的供给情况

尽可能地采用当地的材料，减少运输费用。

（5）机械施工设备和机械条件

在某些地区有无所需的施工设备和施工设备的运营状况，操作熟练程度。这也是确定采用何种加固措施的关键。

（6）工程费用的高低

经济技术指标的高低是衡量地基处理方案选择得是否合理的关键指标，在地基处理中，一定要综合比较能满足加固要求的各地基处理方案，选择技术先进、质量保证、经济合理的方案。

（7）工期要求

应保证地基加固工期不会拖延整个工程的进展。由于各处地基的情况不同，因而在选择和设计地基处理方案时不能简单地依靠以往的经验，也不能依靠复杂的理论计算，而应结合工程实际，通过现场试验、检测、分析和反馈不断地修正设计参数。尤其是对于较为重要或缺乏经验的工程，在尚未施工前，应先利用室内外试验参数按一定方法设计计算，然后利用施工第一阶段的观测结果反分析基本参数，采用修正后的参数进行第二阶段的设计，之后再利用第二阶段施工观测结果的反馈参数进行第三阶段的设计。依此类推，使设计的取值比较符合现场实际情况。

二、桩基施工

桩基础，简称桩基，通常由桩体与连接桩顶的承台组成。当承台底面低于地面以下时，承台称为低桩承台，相应的桩基础称为低承台桩基础。当承台底面高于地面时，承台称为高桩承台，相应的桩基础称为高承台桩基础。工业与民用建筑多用低承台桩基础。

（一）桩基础的适用范围

当建筑场地浅层地基土比较软弱，不能满足建筑物对地基承载力和变形的要求，又不适宜采取地基处理措施时，可考虑选择桩基础，以下部坚实土层或岩层作为持力层。作为基础结构的桩，是将承台荷载（竖向的和水平的）全部或部分传递给地基土（或岩层）的具有一定刚度和抗弯能力的杆件。

桩基础通过承台把若干根桩的顶部联结成整体，共同承受荷载，其结构形式根据上部结构的特点和地质条件选用：在框架结构的承重柱下，或桥梁台下，通常借助承台设置若干根桩，构成独立的桩基础；若上部为剪力墙结构，可在墙下设置排，因为径一般大于剪力墙厚度，故需设置构造性的过渡梁；若承台采用板，则在板下满堂布桩，或按柱网轴线布桩，使板不承受桩的冲剪，只承受水浮力和有限的土反力；当地下室由具有底板、顶板、外墙和若干纵横内隔墙构成空箱结构时，也可满堂布桩，或按柱网轴线布桩，由于箱体结构的刚度很大，能有效地调整不均匀沉降，因此这种桩基础适用于任何软弱、复杂的地质条件下的任何结构形式的建筑物。桩基的主要功能就是将上部结构的荷载传至地下一定深度处密实岩土层，以满足承载力、稳定性和变形的要求。由于桩基础能够承受比较大而且复杂的荷载形式，适宜各种地质条件，因而在对基础沉降有严格要求的高层建筑、重型工业厂房、高的建筑物等成为比较理想的基础选型。

桩基础具有较高的承载能力与稳定性，是减少建筑物沉降与不均匀沉降的良好措施，具有良好的抗震性能，且布置灵活，对结构体系、范围及荷载变化等有较强的适应能力。但造价高，施工复杂，打入桩存在振动及噪声等环境问题，灌注给场地环境卫生带来影响。

（二）桩基础的类型

1.按承载性状分类

桩在竖向荷载作用下，桩顶部的荷载由桩与桩侧岩土层间的侧阻力和桩端的端阻力共同承担。由于桩侧、桩端岩土的物理力学性质以及桩的尺寸和施工工艺不同，桩侧和端阻力的大小以及它们分担荷载的比例有很大差异，据此将其分为摩擦型桩和端承型桩。

（1）摩擦型桩

摩擦型桩是指在竖向极限荷载的作用下，桩顶荷载全部或主要由桩侧阻力承受。根据桩侧阻力分担荷载的大小，摩擦型桩可以分为摩擦桩和端承摩擦桩两类。摩擦桩是指桩顶荷载的绝大部分由桩侧阻力承受，桩端阻力小到可以忽略不计的桩；端承摩擦桩是指桩顶荷载由桩侧阻力和桩端阻力共同承担，但大部分由桩侧阻力承受的桩。

（2）端承型桩

端承型桩是指在竖向极限荷载的作用下，桩顶荷载全部或主要由桩端阻力承受。根据桩端阻力发挥的程度和分担荷载的比例，端承型桩又可分为摩擦端承桩和端承桩两类。桩顶荷载由桩侧阻力和桩端阻力共同承担，但主要由桩端阻力承受的，称为摩擦端承桩；桩顶荷载绝大部分由桩端阻力承受，桩侧阻力可以小到忽略不计的桩，称为端承桩。

2.按使用功能分类

当上部结构完工后，承台下部的桩不但要承受上部结构传递下来的竖向荷载，还担负着由于风和振动作用引起的水平力和力矩，保证建筑物的安全稳定。根据桩在使用状态下的抗力性能和工作机理，把桩分为以下四类：

（1）竖向抗压桩

竖向抗压桩主要承受竖向荷载的桩。

（2）竖向抗拔桩

竖向抗拔桩主要承受向上拔荷载的桩。

（3）水平受荷桩

水平受荷桩主要承受水平方向上荷载的桩。

（4）复合受荷桩

复合受荷桩主要承受竖向、水平向荷载均较大的桩。

3.按桩身材料分类

桩根据其构成材料的不同可分为以下三类：

（1）混凝土桩

混凝土桩按制作方法不同又可分为灌注桩和预制桩。在现场采用机械或人工挖掘成孔，就地浇灌混凝土成桩，称为灌注桩。这种桩可在桩内设置钢筋笼以增强桩的强度，也可不配筋。预制桩是在工厂或现场预制成型的混凝土桩，有实心（或空心）方桩与管桩之分。为提高预制桩的抗裂性能和节约钢材可做成预应力桩，为减小沉桩挤土效应可做成敞口式预应力管桩。

（2）钢桩

钢桩主要有钢管桩和 H 形钢桩等。钢桩的抗弯、抗压强度均较高，施工方便但造价高，易腐蚀。

（3）组合材料桩

组合材料桩是指用两种材料组合而成的桩，如钢管内填充混凝土，或上部为钢管桩而下部为混凝土等形式的桩。

4.按成桩方法分类

成桩过程对建筑场地内的土层结构有扰动，并产生挤土效应，引发施工环境问题。根据成桩方法和挤土效应将桩划分为非挤土桩、部分挤土桩和挤土桩三类。

（1）非挤土桩

非挤土桩是采用干作业法、泥浆护壁法或套管护壁法施工而形成的桩。由于在成孔过程中已将孔中的土体清除掉，因而没有产生成桩时的挤土作用。

（2）部分挤土桩

部分挤土桩分为预钻孔打入式预制桩、打入式敞口桩和部分挤土灌注桩。这种成桩过程对桩周土的强度及变形性质会产生一定的影响。

（3）挤土桩

挤土桩是挤土灌注桩（如沉管灌注桩），实心的预制桩在锤击、振动或压入过程中都需将桩位处的土完全排挤开才能成桩，因而使土的结构遭受严重破坏。这种成桩方式还会对场地周围环境造成较大影响，因此事先必须对成桩所引起的挤土效应进行评价，并采取相应的防护措施。

5.按桩径大小分类

（1）小桩

小桩的桩身设计直径小于或等于250mm，即 $d \leqslant 250mm$。

（2）中等直径桩

中等直径桩的桩身设计直径大于250mm，小于800毫米，即 $250mm < d < 800mm$。

（3）大直径桩

大直径桩的桩身设计直径大于或等于800mm，即 $d \geqslant 800mm$。

（三）桩的施工工艺

1.混凝土预制桩

目前，常用的混凝土预制桩有普通钢筋混凝土桩、预应力混凝土方桩、预应力混凝土管桩和超高强混凝土离心管桩。

（1）预制桩的制作流程

现场布置→场地压实、整平→场地地坪做三七灰土或浇筑混凝土→支模→绑扎钢筋骨架、安放吊环→浇筑混凝土→养护至30%强度拆模→支间隔端头模板、刷隔离剂、绑扎钢筋→浇筑混凝土→重叠制作第二层桩→养护至70%强度起吊→达100%强度后运输、堆放→沉桩。

（2）预制桩的制作要求。

第一，场地要求。场地应平整、坚实，不得产生不均匀沉降。

第二，支模要求。支模宜采用钢模板，模板应具有足够的刚度，并应平整，尺寸应准确。

第三，钢筋骨架要求。钢筋骨架的主筋连接宜采用对焊和电弧焊，当钢筋直径大于20 mm 时，宜采用机械连接。主筋接头在一截面内的数量，应符合下列规定：当采用对焊或电弧焊时，对于受拉钢筋，不得超过50%；相邻两根主筋接头截面的距离应大于35 dg（dg 为主筋直径），并不应小于500 mm。预制桩钢筋骨架的质量检验标准见表 2-2。

表 2-2　预制桩钢筋骨架质量检验标准

项目	序号	检查项目	允许偏差或允许值/mm	检查方法
主控项目	1	主筋距桩顶距离	±5	用钢尺量
	2	多节桩锚固钢筋位置	5	用钢尺量
	3	多节桩预埋件	±3	用钢尺量
	4	主筋保护层厚度	±5	用钢尺量
一般项目	1	主筋间距	±5	用钢尺量
	2	桩尖中心线	10	用钢尺量
	3	箍筋间距	±20	用钢尺量
	4	桩顶钢筋网片	±10	用钢尺量
	5	多节桩锚固钢筋长度	±10	用钢尺量

第四，桩顶桩尖构要求。桩顶一定范围内的箍筋应加密，并设置钢筋网片。

第五，混凝土浇筑要求。在浇筑混凝土之前，应清除模板内的垃圾、杂物，检查各部位的保护层。保护层应符合设计要求厚度，主筋顶端保护层不宜过厚，以防锤击沉桩时桩顶破碎。浇筑混凝土时应由桩顶往桩尖方向进行，应连续浇筑、不得中断，并用振捣器仔细捣实，确保顶部结构的密实性，同时桩顶面和接头端面应平整，以防锤击沉桩时桩顶破碎。浇筑完毕后，应覆盖、洒水养护不少于 7 d，如果用蒸汽养护，在蒸汽养护后，应适当自然养护，30 d 后方可使用。

（3）预制桩的起吊、运输和堆放

第一，起吊。

钢筋混凝土预制桩达到设计强度的 70%后方可起吊，若需提前起吊，应根据起吊时桩的实际强度进行强度和抗裂度验算。

起吊时，吊点位置应符合设计计算规定。当吊点少于或等于 3 个时，其位置应按正、负弯矩相等的原则计算确定；当吊点多于 3 个时，其位置则应按反力相等的原则计算确定。

预制桩上吊点处未设吊环，则起吊时可采用捆绑起吊，在吊索与桩身接触处应加垫层，以防损坏棱角或桩身表面。起吊时应平稳提升，避免摇晃撞击和振动。

第二，运输。

钢筋混凝土预制桩须待其达到设计强度的 100%后方可运输。若需提前运输，则必须验算桩身强度，强度满足后并采取一定措施方可进行。

长桩运输可采用平板拖车、平台挂车运输，短桩运输可采用载重汽车。若现场运距较近，可采用轻轨平板车运输，也可在桩下面垫以滚筒（桩与滚筒之间应放托板），用卷扬机拖动移桩。严禁在现场以直接拖拉桩体的方式代替装车运输。

运输时，桩的支点应与吊点位置一致，桩应叠放平稳并垫实，支撑或绑扎牢固，以防在运输中晃动或滑动。

一般情况下，应根据打桩进度随打随运，以减少二次搬运。运桩前先核对桩的型号，并对桩的混凝土质量、尺寸、桩靴的牢固性及打桩中使用的标志是否齐全等进行检查。桩运到现场后，应对其外观进行复查，检查在运输过程中桩是否有损坏。

第三，堆放。

堆放场地必须平整、坚实，排水良好，避免产生不均匀沉陷。支承点与吊点的位置应相同，并应在同一水平面上。各层支承点垫木应在同一垂直线上，如图 2-1 所示。不同规格的桩应分别堆放，桩堆放层数不宜超过 4 层。

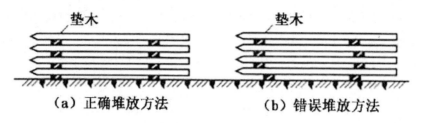

图 2-1　桩的堆放

2.钢管桩

在沿海及内陆冲积平原地区，软土层很厚，土的天然含水量高，天然孔隙比大，抗切强度低，压缩系数大，渗透系数小，而低压缩性持力层又很深（深达 50～60 m）。钢管桩贯入性好，承载力高，施工速度快，挤土量小。

（1）钢管桩的特点

第一，承载力高。由于钢材强度高，耐锤击性能好，穿透力强，能够有效地打入坚硬土层，且桩长可较长，能获得极大的单桩承载力。

第二，桩长易于调节。钢材易于切割和焊接，可根据持力层的起伏，采用接长或切割的办法调节桩长。

第三，接头连接简单。采用电焊焊接，操作简便，强度高，使用安全。

第四，排土量小，对邻近建筑物影响小。桩下端为开口，随着桩打入，泥土挤入桩管内，与实桩相比挤土量大大减少，对周围地基扰动小。

第五，工程质量可靠，施工速度快。

第六，质量轻、刚性好，装卸、运输、堆放方便，不易损坏。

（2）钢管桩施工设备

桩锤、桩架、桩帽（为防止钢管桩桩头被打坏，打桩时，在桩顶放置桩帽，钢管桩桩帽由铸铁及普通钢板制成）、送桩管（一般钢管桩顶埋置较深，可采用送桩管将桩管送入。送桩管应结构坚固，能重复使用）。

（3）钢管桩内切割机和拔管方法

在土方开挖前，应采用钢管桩内切割机将多余的上部钢管桩割去。所用切割设备有等离子切桩机、手把式氧乙炔切桩机、半自动氧乙炔切桩机、悬吊式全回转氧乙炔自动切割机等。工作时，先将切割设备吊挂送入钢管桩内的预定深度，依靠风动顶针装置固定在钢管桩的内壁，割嘴按预先调整好的间隙进行回转切割短桩头，然后将切割下的桩管拔出。拔出的短桩管经焊接接长后可再用。

拔出切割后的短桩管的方法：

第一，用小型振动锤夹住桩管，振动拔起。

第二，在桩管顶以下的管壁上开孔，穿钢丝绳，用40~50 t履带吊车拔管。

第三，用内胀式拔管器拔出。施工时，上提锥形铁砣，使两侧半圆形齿块卡住钢管内壁，借助吊车将钢管拔出。

（4）钢管桩的施工程序

桩机进场安装→桩机移动定位→吊桩→插桩→锤击下沉、接桩→锤击至设计标高→内切钢管桩→精割、戴钢帽。

3.混凝土灌注桩

混凝土灌注桩是直接在桩位上就地成孔，然后在孔内安放钢筋笼灌注混凝土而成的。灌注桩能适应各种地层，无须接桩，施工时无振动、无挤土、噪声小，宜在建筑物密集地区使用。但其操作要求严格，施工后需较长的养护期才可承受荷载，成孔时有大量土渣或泥浆排出。根据成孔工艺不同，可分为干作业成孔灌注桩、泥浆护壁成孔灌注桩、套管成孔灌注桩和人工挖孔灌注桩等。下面主要介绍干作业成孔灌注桩和泥浆护壁成孔灌注桩。

（1）干作业钻孔灌注桩

干作业钻孔灌注桩不需要泥浆或套管护壁，是直接利用机械成孔，在控内放入钢筋笼，浇筑混凝土而成的桩。常用的有螺旋钻孔灌注桩，适用于黏性土、粉土、沙土、填土和粒径不大的砾沙层，也可用于非均质含碎砖、混凝土块、条石的杂填土及大卵石、砾石层。

螺旋钻孔灌注桩施工工艺流程：桩位放线→钻机就位→取土成孔→测定孔径、孔深和桩孔水平与垂直偏差并校正→取土成孔达设计标高→清除孔底松土沉渣→成孔质量检查→安放钢筋笼或插筋→浇筑混凝土。下面主要介绍其中的几项工艺：

第一，钻机就位。

钻机就位时，必须保持机身平稳，确保施工中不发生倾斜、位移；使用双侧吊线坠的方法或经纬仪校正钻杆垂直度。

第二，取土成孔。

对准桩位，开动钻机钻进，出土达到控制深度后停钻、提钻。

第三，清除孔底松土沉渣。

钻至设计深度后，进行孔底清理。清孔方法是在原深处空转，然后停止回转，提钻卸土或用清孔器清土。清孔后，用测深绳或手提灯测量孔深及虚土厚度，成孔深度和虚土厚度应符合设计要求。

第四，安放钢筋笼。

在安放钢筋笼前，再次复查孔深、孔径、孔壁、垂直度及孔底虚土厚度，钢筋笼上必须绑好砂浆垫块（或卡好塑料卡）；钢筋笼起吊时不得在地上拖曳，吊入钢筋笼时，要吊直扶稳，对准孔位，缓慢下沉，避免碰撞孔壁。钢筋笼下放到设计位置时，应立即固定。在浇筑混凝土之前，应再次检查孔内虚土厚度。

第五，浇筑混凝土。

浇筑混凝土前，应在孔口安放护孔漏斗，然后放置钢筋笼，并再次测量孔内虚土厚度；吊放串筒浇筑混凝土，注意落差不得大于 2 m。浇筑混凝土时应连续进行，分层振捣密实，分层厚度根据捣固的工具而定，一般不大于 1.5 m。当混凝土浇到距桩顶 1.5 m 时，可拔出串筒，直接浇筑混凝土；当混凝土浇筑到桩顶时，桩顶标高至少要比设计标高高出 0.5 m，凿除浮浆高度后必须保证暴露的桩顶混凝土强度达到设计要求。

（2）泥浆护壁成孔灌注桩

泥浆护壁成孔灌注桩是利用泥浆护壁，钻孔时通过循环泥浆将钻头切削下的土渣排出孔外而成孔，而后吊放钢筋笼，水下灌注混凝土而成桩。宜用于地下水位以下的黏性土、粉土。

泥浆护壁成孔灌注桩的施工工艺流程为：测放桩点→埋设护筒→钻机就位→钻孔→注制备好的泥浆→排渣→清孔→吊放钢筋笼→插入混凝土导管→灌注混凝土→拔出导管。下面主要介绍其中的几项工艺：

第一，测放桩点。

平整清理好施工场地后，设置桩基轴线定位点和水准点，根据桩平面布置施工图，定出每根桩的位置，并做好标志。施工前，桩位要检查复核，以防受外界因素影响而出现偏移。

第二，埋设护筒。

护筒的作用是固定桩孔位置，防止地面水流入，保护孔口，增高桩孔内水压力，防止塌孔，成孔时引导钻头方向。护筒由 4～8 mm 厚钢板制成，内径比钻头直径大 100～200 mm，顶面高出地面 0.4～0.6 m，上部开 1 个或 2 个溢浆孔。埋设护筒时，先挖去桩孔处表土，将护筒埋入土中，其埋设深度，在黏土中不宜小于 1m，在沙土中不宜小于

1.5m。其高度要满足孔内泥浆液面高度的要求，孔内泥浆面应保持高出地下水位 1 m 以上。采用挖坑埋设时，坑的直径应比护筒外径大 0.8 ~ 1.0 m。护筒中心与桩位中心线偏差不应大于 50 mm，对位后应在护筒外侧填入黏土并分层夯实。

第三，泥浆制备。

泥浆的作用是护壁、携沙排土、切土润滑、冷却钻头，其中以护壁为主。泥浆制备方法应根据土质条件确定：在黏土和粉质黏土中成孔时，可注入清水，以原土造浆，排渣泥浆的密度应控制在 1.1 ~ 1.3 g/cm³；在其他土层中成孔时，泥浆可选用高塑性（塑性指数≥17）的黏土或膨润土制备；在沙土和较厚夹沙层中成孔时，泥浆密度应控制在 1.1 ~ 1.3 g/cm³；在穿过沙夹卵石层或容易塌孔的土层中成孔时，泥浆密度应控制在 1.3 ~ 1.5 g/cm³。施工中应经常测定泥浆密度，并定期测定黏度、含沙率和胶体率。泥浆的控制指标为黏度 18 ~ 22Pa·s、含沙率不大于 8%、胶体率不小于 90%，为了提高泥浆质量可加入外掺料，如增重剂、增黏剂、分散剂等。施工中废弃的泥浆、泥渣应按有关环保规定处理。

第四，清孔。

当钻孔达到设计要求深度并经检查合格后，应立即进行清孔。目的是清除孔底沉渣以减少桩基的沉降量，提高承载能力，确保桩基质量。清孔方法有真空吸泥渣法、射水抽渣法、换浆法和掏渣法。

清孔应达到如下标准才算合格：

一是对孔内排出或抽出的泥浆，用手摸捻应无粗粒感觉，孔底 500 mm 以内的泥浆密度小于 1.25 g/cm³（原土造浆的孔则应小于 1.1 g/cm³）。

二是在浇筑混凝土前，孔底沉渣允许厚度符合标准规定，即端承型桩小于或等于 50 mm，摩擦型桩小于或等于 100 mm，抗拔抗水平桩小于或等于 200 mm。

第五，吊放钢筋笼。

清孔后应立即安放钢筋笼。钢筋笼一般在工地制作，制作时要求主筋环向均匀布置，箍筋直径及间距、主筋保护层、加劲箍的间距等均应符合设计要求。分段制作的钢筋笼，其接头采用焊接且应符合施工及验收规范的规定。钢筋笼主筋净距必须大于 3 倍的骨料粒径，加劲箍宜设在主筋外侧，钢筋保护层厚度不应小于 35 mm（水下混凝土不得小于 50 mm）。可在主筋外侧安设钢筋定位器，以确保保护层厚度。为了防止钢筋笼变形，可在钢筋笼上每隔 2 m 设置一道加强箍，并在钢筋笼内每隔 3 ~ 4 m 装一个可拆卸的十字形临时加劲架，在吊放入孔后拆除。吊放钢筋笼时应保持垂直，缓慢放入，防止碰撞孔壁。若造成塌孔或安放钢筋笼时间太长，应在进行二次清孔后，再浇筑混凝土。

第六，灌注混凝土。

在钢筋笼内插入混凝土导管（管内有射水装置），通过软管与高压泵连接，开动泵，水即射出。射水后孔底的沉渣即悬浮于泥浆之中。停止射水后，应立即浇筑混凝土，随着混凝土不断增高，孔内沉渣将浮在混凝土上面，并同泥浆一同排回泥浆池内。水下浇筑混凝土应连续施工，开始浇筑混凝土时，导管底部至孔底的距离宜为 300～500 mm；应有足够的混凝土储备量，导管一次埋入混凝土浇筑面以下不应小于 0.8 m；导管埋入混凝土深度宜为 2～6 m，严禁将导管拔出混凝土浇筑面，并应控制提拔导管的速度，应有专人测量导管埋深及管内外混凝土浇筑面的高差，填写水下混凝土浇筑记录。应控制最后一次浇筑量，超浇高度宜为 0.8～1.0 m，凿除泛浆后必须保证暴露的桩顶混凝土强度达到设计要求。

4.灌注桩后压浆

后压浆技术的基本原理是通过预先设置在钢筋笼上的压浆管，在桩体达到一定强度后（一般 7～10 d），向桩侧或桩底压浆，固结孔底沉渣和桩侧泥皮，并使桩端和桩侧在一定范围内的土体得到加固，从而达到提高承载力的目的。

后压浆的类型很多，具体如下：

（1）按压浆工艺分类

按压浆工艺可分为闭式压浆和开式压浆。

第一，闭式压浆。将预制的弹性良好的腔体（又称为承压包、预承包、压浆胶囊等）或压力注浆室随钢筋笼放至孔底。成桩后通过地面压力系统把浆液注入腔体内。随着注浆量的增加，弹性腔体逐渐膨胀、扩张，对沉渣和桩端土层进行压密，并用浆体取代（置换）部分桩端土层，从而在桩端形成扩大头。

第二，开式压浆。连接于压浆管端部的压浆装置随钢筋笼一起放置在孔内某一部位，成桩后压浆装置通过地面压力系统把浆液直接压入桩底和桩侧的岩土体中，浆液与桩底和桩侧的沉渣、泥皮和周围土体等产生渗透、填充、置换、劈裂等多种效应，在桩底和桩侧形成一定的加固区。

（2）按压浆部位分类

按压浆部位可分为桩侧压浆、桩端压浆和桩侧桩端压浆。

第一，桩侧压浆。仅在桩身某一部位或若干部位进行压浆。

第二，桩端压浆。仅在桩端进行压浆。

第三，桩侧桩端压浆。在桩身若干部位和桩端进行压浆。

（3）按压浆管埋设方式分类

按压浆管埋设方式可分为桩身预埋管压浆法和钻孔埋管压浆法。

第一，桩身预埋管压浆法。压浆管固定在钢筋笼上，压浆装置随钢筋笼一起下放至桩孔某一深度或孔底。

第二，钻孔埋管压浆法。钻孔方式有两种：一种是在桩身中心钻孔，并深入桩底持力层一定深度（一般为 1 倍桩径以上），然后放入压浆管，封孔并间歇一定时间后，进行桩底压浆；另一种是在桩外侧的土层中钻孔，即成桩后，距桩侧 0.2 ~ 0.3 m 钻孔至要求的深度，然后放入压浆管，封孔并间歇一定时间后，进行压浆。

（4）按压浆循环方式分类

按压浆循环方式可分为单向压浆和循环压浆。

第一，单向压浆。每一压浆系统由一个进浆口和桩端（或桩侧）压浆器组成。压浆时，浆液由进浆口到压浆器的单向阀，再到土层，呈单向性。压浆管路不能重复使用，不能控制压浆次数和压浆间隔。

第二，循环压浆。循环压浆又称为 U 形管压浆。每一个压浆系统由一根进口管、一根出口管和一个压力注浆装置组成。压浆时，将出浆口封闭，浆液通过桩端压浆器的单向阀注入土层中。一个循环，也就是压完规定的浆量后，将压浆口打开，通过进浆口用清水对管路进行冲洗，同时桩端压浆器的单向阀可防止土层中浆液的回流，保证管路的畅通，便于下一循环继续使用，从而实现压浆的可控性。

第二节　主体结构施工技术

一、砖砌体结构施工

（一）砌筑砂浆的制备

砌筑砂浆应通过试配确定配合比。当砌筑砂浆的组成材料有变更时，其配合比应重新确定。按照现行行业标准《砌筑砂浆配合比设计规程》（JGJ/T 98—2010）的规定，砌筑砂浆的配合比以质量比的方式表示。

1.砌筑砂浆配合比的基本要求

第一，砂浆拌和物的和易性应满足施工要求，拌合物的体积密度要求如下：水泥砂浆大于或等于 1 900 kg/m³，水泥混合砂浆、预拌砌筑砂浆大于或等于 1 800 kg/m³。

第二，砌筑砂浆的强度、耐久性应满足设计要求。

第三，经济上应合理，水泥及掺合料的用量应较少。

2.砌筑砂浆现场拌制工艺

（1）技术准备

熟悉图样，核对砌筑砂浆的种类、强度等级、使用部位。委托有资质的试验部门对砂浆进行试配试验，并出具砂浆配合比报告。施工前应向操作者进行技术交底。

（2）材料准备

第一，水泥。进场使用前，应分批对其强度、安定性进行复验；检验时应以同一生产厂家、同一编号为一批；在使用中，若对水泥质量有怀疑或水泥出厂超过 3 个月，应重新复验，并按其复验结果使用；不同品种的水泥，不得混合使用。

第二，沙。宜用中沙，过 5 mm 孔径的筛子，且不应含有杂物。强度等级大于或等于 M5 的砂浆，沙含泥量应小于或等于 5%。

第三，掺合料。以石灰膏为例，生石灰熟化成石灰膏时，用孔径不大于 3 mm×3 mm 的网过滤，熟化时间大于或等于 7 d；磨细生石灰粉的熟化时间大于或等于 2 d。沉淀池中储存的石灰膏，应采取防止干燥、冻结和污染的措施。严禁使用脱水硬化的石灰膏。

电石膏为无机物，其主要成分是碳化钙，检验电石膏时应加热至 70℃并保持 20 min，没有乙炔气味，方可使用。消石灰粉（其主要成分是氢氧化钙，俗称消石灰）不得直接用于砌筑砂浆中。脱水硬化的石灰膏和消石灰粉不能起塑化作用且影响砂浆强度，故不能使用。按计划组织原材料进场，及时取样进行原材料的复试。

（3）施工机具准备

第一，施工机械有砂浆搅拌机、垂直运输机械等。

第二，施工工具有手推车、铁锹等。

第三，检测设备有台秤、磅秤、砂浆稠度仪、砂浆试模等。

（二）砖砌体结构施工流程

砖砌体结构施工流程：抄平→放线→摆砖→立皮数杆→盘角挂线→砌砖→勾缝。

1.抄平

砌墙前应在基础防潮层或楼面上定出各层标高，并用 M7.5 水泥砂浆或 C10 细石混凝土找平，使各段砖墙底部标高符合设计要求。找平时，应使上下两层外墙之间不至于出现明显的接缝。

2.放线

放线的作用是确定各段墙体砌筑的位置。根据轴线桩或龙门板上轴线的位置，在做好的基础顶面，弹出墙身中线及边线，同时弹出门洞口的位置。二层以上墙的轴线可以用经纬仪或垂球将轴线引上，并弹出各墙的轴线、边线及门窗洞口位置线。

3.摆砖

摆砖是指在放线的基面上按选定的组砌方式用干砖试摆。目的是校对所放出的墨线在门窗洞口、附墙垛等处是否符合砖的模数，应尽可能减少砍砖并使砌体灰缝均匀，组砌得当。山墙、檐墙一般采用"山丁檐跑"，即在房屋外纵墙（檐墙）方向摆顺砖，在外横墙（山墙）方向摆丁砖，摆砖由一个大角摆到另一个大角，砖与砖之间留 10 mm 缝隙。

4.立皮数杆

皮数杆是指在其上划有每皮砖和砖缝厚度以及门窗洞口、过梁、楼板、梁底、预埋件等标高位置的一种木制标杆。它是砌筑时控制砌体竖向尺寸的标志。皮数杆一般立于房屋的四大角、内外墙交接处、楼梯间以及洞口多的地方，在没有转角的通长墙体上每隔 10～15 m 立一根。皮数杆上的 ±0.000 要与房屋的 ±0.000 相吻合。

5.盘角挂线

墙角是控制墙面横平竖直的主要依据，所以一般砌筑时应先砌墙角，墙角砖层高度必须与皮数杆相符合，做到"三皮一吊，五皮一靠"。墙角必须双向垂直。墙角砌好后，即可挂小线，作为砌筑中间墙体的依据。为保证砌体垂直平整，砌筑时必须挂线，一般 240 mm 厚的墙可单面挂线，370 mm 厚的墙及以上的墙则应双面挂线。

6.砌砖

砖砌体的砌筑方法有"三一"砌砖法、挤浆法、刮浆法和满口灰法。其中，"三一"砌砖法和挤浆法最为常用。"三一"砌砖法，即一块砖、一铲灰、一揉压，并随手将挤出的砂浆刮去的砌筑方法。空心砖砌体宜采用"三一"砌砖法。其优点是灰缝饱满，黏结性好，墙面整洁。挤浆法即用灰勺、大铲或铺灰器在墙顶上铺一段砂浆，然后双手拿砖或单手拿砖，用砖挤入砂浆中，一定厚度之后把砖放平，达到下齐边、上齐线、横平竖直的要求。其优点是可以连续挤砌几块砖，减少烦琐的动作；平推、平挤可使灰缝饱满，砌筑效率高、质量好。竖向灰缝不应出现瞎缝、透明缝和假缝。

7.勾缝

勾缝是砌体机构施工的最后一道工序，具有保护墙面和增加墙面美观的作用。内墙面或混水墙可采用随砌随勾缝的方法，这种方法称为原浆勾缝法。

清水墙应采用 1∶1.5～1∶2 水泥砂浆勾缝，该方法称为加浆勾缝法。

墙面勾缝应横平竖直，深浅一致，搭接平整。砖墙勾缝通常有凹缝、凸缝、斜缝和平缝，宜采用凹缝或平缝，凹缝深度一般为 4～5 mm。勾缝完毕后，应清理墙面、柱面和落地灰。

（三）砖砌体结构施工基本规定

第一，砖砌体组砌方法应正确，内外搭砌，上、下错缝。清水墙、窗间墙无通缝；混水墙中不得有长度大于 300 mm 的通缝，长度 200～300 mm 的通缝每间不超过 3 处，且不得位于同一面墙体上。砖柱不得采用包心砌法。

第二，砖砌体的灰缝应横平竖直，薄厚均匀。水平灰缝厚度及竖向灰缝宽度宜为 10 mm，最小不应小于 8 mm，最大不应大于 12 mm。

第三，砖砌体尺寸、位置的允许偏差及检验应符合表 2-3 的规定。

表 2-3 砖砌体尺寸、位置的允许偏差及检验

序号	项目			允许偏差/mm	检验方法	抽检数量
1	轴线位移			10	用经纬仪和尺或用其他测量仪器检查	承重墙、柱应全数检查
2	基础、墙、柱顶面标高			±15	用水准仪和尺检查	不应小于 5 处
3	墙面垂直度	每层		5	用 2m 托线板检查	不应小于 5 处
		全高	≤10 m	10	用经纬仪、吊线和尺或其他测量仪器检查	外墙全部阳角
			>10 m	20		
4	表面平整度	清水墙、栏		5	用 2 m 靠尺和楔形塞尺检查	不应小于 5 处
		混水墙、栏		8		
5	水平灰缝平直度	清水墙		7	拉 5m 线或用尺检查	不应小于 5 处
		混水墙		10		
6	门窗洞口高、宽（后塞口）			±10	用尺检查	不应小于 5 处
7	外墙上下窗口偏移			20	以底层窗口为准，用经纬仪或吊线检查	不应小于 5 处
8	清水墙游丁走缝			20	以每层第一皮砖为准，用吊线和尺检查	不应小于 5 处

（四）砖砌体结构施工主控项目

第一，砖和砂浆的强度等级必须符合设计要求。

第二，砌体灰缝砂浆应密实饱满，砖墙水平灰缝的砂浆饱满度不得低于 80%；砖柱水平灰缝和竖向灰缝饱满度不得低于 90%。

第三，砖砌体的转角处和交接处应同时砌筑，严禁无可靠措施的内外墙分砌施工。在抗震设防烈度为 8 度及 8 度以上的地区，对不能同时砌筑而又必须留置的临时间断处应砌成斜槎，普通砖砌体斜槎水平投影长度不应小于高度的 2/3。多孔砖砌体的斜槎长高比不应小于 1/2。斜槎高度不得超过一步脚手架的高度。

第四，非抗震设防及抗震设防烈度为 6 度、7 度地区的临时间断处，当不能留斜槎时，除转角处外，可留直槎，但直槎必须做成凸槎，且应加设拉结钢筋，拉结钢筋应符合下列规定：

①钢筋数量为，每 120 mm 墙厚应设置 $1\varphi6$ 拉结钢筋，当墙厚为 120 mm 时，应设置 $2\varphi6$ 拉结钢筋。

②间距沿着墙高不应超过 500 mm；且竖向间距偏差不应超过 100 mm。

③埋入长度从留槎处算起每边均不应小于 500 mm，对抗震设防烈度 6 度、7 度的地区，不应小于 1 000 mm。

④拉结钢筋末端应有 90°弯钩。

二、混凝土结构施工

（一）模板

模板系统包括模板、支架和紧固件三个部分。模板又称为模型板，是现浇混凝土成型用的模型。支承模板及承受作用在模板上的荷载的结构（如支柱、桁架等）均称为支架。模板及其支架应根据工程结构形式、荷载大小、地基土类别、施工设备和材料供应等条件进行设计。模板及其支架应有足够的承载力、刚度和稳定性，能可靠地承受浇筑混凝土的重量、侧压力及施工荷载。同时，必须符合下列规定：保证工程结构和构件各部位形状尺寸与相互位置的正确；构造简单，装拆方便，便于钢筋的绑扎与安装，便于混凝土的浇筑与养护等；接缝严密，不得漏浆。

模板种类有很多，主要介绍下面几种：

1.木模板

木模板一般是在木工车间或木工棚加工成基本组件，然后在现场进行拼装。拼板由板条用拼条钉成，如图 2-2 所示。板条厚度一般为 25～50 mm，宽度不大于 200 mm，以保证在干缩时缝隙均匀，浇水后易于密封，受潮后不易翘曲。梁底的拼板由于受到较大荷载，需要加厚至 40～50 mm。拼条根据受力情况可平放或立放。拼条间距取决于所浇筑混凝土的侧压力和板条厚度，一般为 400～500 mm。

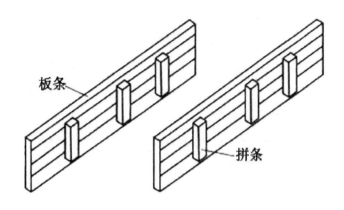

图 2-2　拼板的构图

第一，基础模板。基础的特点是高度不大但体积较大。基础模板一般利用地基或基槽（坑）进行支撑。如果土质良好，基础的最下一级可不用模板，直接原槽浇筑。安装时，要保证上下模板不发生相对位移。

第二，柱模板。柱子的特点是断面尺寸不大但高度较大。柱模板由内拼板夹在两块外拼板之内组成，也可用短横板代替外拼板钉在内拼板上。在安装柱模板前，应先绑扎好钢筋，测出标高并标注在钢筋上，同时在已浇筑的基础顶面或楼面上固定好柱模板底部的木框，在内外拼板上弹出中心线，根据柱边线及木框竖立模板，并用临时斜撑固定，然后在顶部用锤球校正，使其垂直。检查无误后，即用斜撑钉牢、固定。同在一条轴线上的柱，应先校正两端的柱模板，再从柱模板上口中心线拉一钢丝来校正中间的柱模板。柱模板之间，要用水平撑及剪刀撑相互拉结。

第三，梁模板。梁的特点是跨度大而宽度不大，梁底一般是架空的。梁模板主要由底模、侧模、夹木及支架系统组成。底模用长条模板加拼条拼成，或用整块板条。梁模板安装时，沿梁模板下方地面向上铺垫板，在柱模板缺口处钉衬口挡，把底板搁置在衬口挡上；接着，立起靠近柱或墙的顶撑，再将梁按长度等分，立中间部分顶撑，顶撑底下打入木楔，并检查、调整标高；然后，放上侧模板，两头钉在衬口挡上，在侧板底外侧铺钉夹木，再钉上斜撑和水平拉条。有主次梁模板时，要待主梁模板安装并校正后才能进行次梁模板安装。梁模板安装后再拉中线检查、复核各梁模板中心线位置是否正确。

第四，楼板模板。楼板的特点是面积大而厚度比较薄，侧向压力小。楼板模板及其支架系统，主要承受钢筋、混凝土的自重及其施工荷载，应保证模板不变形。

2.组合钢模板

组合钢模板是一种工具式模板，由一定模数、若干类型的板块，通过连接件和支承件组合成多种尺寸、结构和几何形状的模板，以适应各种类型建筑物的梁、柱、板、墙、基础和设备等施工的需要。施工时可在现场直接组装，可用其拼装成大模板、滑模、隧道模和台模等，也可用起重机吊运安装。

组合钢模板组装灵活，通用性强，拆装方便。每套钢模可重复使用 50～100 次。加工精度高，浇筑混凝土的质量好，成型后的混凝土尺寸准确，棱角整齐，表面光滑，可以节省装修用工。

（1）钢模板

钢模板采用模数制设计，宽度模数以 50 mm 进级，长度以 150 mm 进级，可适应横竖拼装成以 50 mm 进级的任何尺寸的模板。钢模板包括平面模板、阳角模板、阴角模板和连接角模。平面模板用于基础、墙体、梁、板、柱等各种结构的平面部位，它由面板和肋组成，面板厚为 2.3 mm 或 2.5 mm，肋上设有 U 形卡孔和插销孔，利用 U 形卡和 L 形插销等拼装成大块板。阳角模板主要用于混凝土构件阳角。阴角模板主要用于混凝土构件阴角，如内墙角、水池内角及梁板交接处阴角等。连接角模主要用于两块平模板作垂直连接构成 90° 阳角。

（2）连接配件

定型组合钢模板连接配件包括 U 形卡、L 形插销、钩头螺栓、对拉螺栓、紧固螺栓、扣件等。U 形卡是模板的主要连接件，用于相邻模板的拼装。其安装间距一般不大于 300 mm，即每隔一孔卡插一个，安装方向一顺一倒相互错开。L 形插销用于插入两块模板纵向连接处的插销孔内，以增强模板纵向接头处的刚度。钩头螺栓是用于连接模板与支撑系统的连接件。紧固螺栓是用于内、外钢楞之间的连接件。对拉螺栓又称为穿墙螺栓，用于连接墙壁两侧模板，保持墙壁厚度，承受混凝土侧压力及水平荷载，使模板不至于变形。扣件用于钢楞之间或钢楞与模板之间的扣紧，按钢楞的不同形状，分别采用蝶形扣件和"3"形扣件。

（3）支撑件

定型组合钢模板的支撑件包括钢楞、柱箍、梁卡具、圈梁卡、斜撑、钢管脚手支架及钢桁架等。

第一，钢楞又称为龙骨，主要用于支撑钢模板并加强其整体刚度。钢楞的材料有圆钢管、矩形钢管、内卷边槽钢、轻型槽钢、轧制槽钢等，可根据设计要求和供应条件选用。

第二，柱箍又称为柱卡箍、定位夹箍，是用于直接支撑和夹紧各类柱模的支撑件，可根据柱模的外形尺寸和侧压力的大小来选用。

第三，梁卡具也称为梁托架，是一种将大梁、过梁等钢模板夹紧、固定的装置，需要承受混凝土侧压力。梁卡具的种类较多。

第四，圈梁卡用于圈梁、过梁、地基梁等方（矩）形梁侧模的夹紧、固定，目前各地使用的圈梁卡形式多样。

第五，斜撑。由组合钢模板拼成整片墙模或柱模，在吊装就位后，下端垫平，紧靠定位基准线，模板应用斜撑调整和固定其垂直位置。

第六，钢管脚手支架主要用于层高较大的梁、板等水平构件模板的垂直支撑。目前，常用的有扣件式钢管脚手架和碗扣式钢管脚手架，也有采用门式支架的。

第七，钢桁架用于楼板、梁等水平模板的支架，可以节省模板支撑和扩大施工空间，加快施工速度。

3.其他新型模板

（1）大模板

大模板是指单块模板高度相当于楼层的层高、宽度，约等于房间宽度或进深的大块定型模板，在高层建筑施工中用于混凝土墙体的侧模板。大模板建筑整体性好、抗震性强、机械化施工程度高，可以简化模板的安装和拆除工序，劳动强度低，但也存在通用性差、一次投资多、耗钢量大等缺点。

（2）滑升模板

在建筑物底部，沿其墙、柱、梁等构件的周边一次性组装高1.2 m左右的滑动模板，在向模板内不断分层浇筑混凝土的同时，不断向上绑扎钢筋，同时用液压提升设备，使模板不断向上滑动，使混凝土连续成型，直至达到需要浇筑的高度为止。滑升模板适用于现场浇筑高耸圆形、矩形、筒壁结构，如烟囱、筒仓、电视塔、竖井、沉井、双曲线冷却塔、剪力墙体系及简体体系的高层建筑等。滑升模板可以节省大量模板和支撑材料，加快施工进度，降低工程费用，但滑升模板设备一次性投资较多，耗钢量较大，对建筑立面造型和构件断面变化有一定的限制。

（3）爬升模板

爬升模板即爬模，也称为跳模，是用于现浇混凝土竖直或倾斜结构施工的工具式模板，可分为有架爬升模板（即模板爬山架子、架子爬模板）和无架爬升模板。

有架爬升模板如图 2-3 所示，由悬吊着的大模板、提升架和提升设备三部分组成。爬升模板采用整片式大模板，模板由面板及肋组成，不需要支承系统；提升设备采用电动螺杆提升机、液压千斤顶或手拉葫芦。

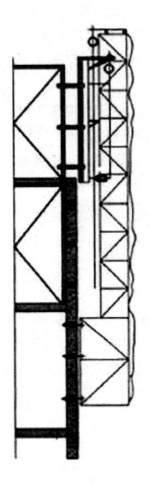

图 2-3　有架爬升模板

（4）隧道模板

隧道模板是用于同时整体浇筑墙体和楼板的大型工具式模板，因它的外形像隧道，故称为隧道模板。其能将各开间沿水平方向逐间、逐段整体浇筑，施工建筑物整体性好、抗震性能好，一次性投资大，模板起吊和转运需较大起重机。

隧道模板分为全隧道模板和半隧道模板。全隧道模板自重大，推移时需铺设轨道；半隧道模板由两个半隧道模板对拼而成，两个半隧道模板的宽度可以不同，中间增加一块不同尺寸的插板，即可满足不同开间所需要的宽度。

（5）台模

台模是用于浇筑平板或带边梁楼板的大型工具式模板，其由一块等于房间开间面积的大模板和其下的支架及调整装置组成，因其外形像桌子，故称为台模或桌模。台模按照支承形式可分为支腿式和无支腿式两类。支腿式有伸缩式和折叠式之分；无支腿式悬架于墙或柱顶，也称为悬架式。

支腿式台模由面板（胶合板或定型组合钢模板）、支撑框架等组成。支撑框架的支腿底部一般配有轮子。浇筑后，待混凝土达到规定强度要求，落下台面，将台模推出墙面放在临时挑台上，再用起重机吊运至上层或其他施工段；也可以不用挑台，推出墙面后直接吊运。利用台模施工可以省去模板的装拆时间，能降低劳动消耗，加快施工速度，但一次性投资较大。

（二）钢筋

1.钢筋验收

钢筋进场时，应当按照现行国家标准《钢筋混凝土用钢 第 1 部分：热轧光圆钢筋》（GB/T 1499.1—2017）和《钢筋混凝土用钢 第 2 部分：热轧带肋钢筋》（GB/T 1499.2—2018）规定，抽取试件做力学性能和重量偏差检验，检验结果必须符合有关标准的规定。

钢筋验收的内容包括标牌、外观的检查，并按照有关标准规定的试样做力学性能试验，合格后方可使用。

第一，标牌检查。钢筋出厂，每捆（盘）应挂有两个标牌（上注厂名、生产日期、钢号、炉罐号、钢筋级别、直径等），并有随货同行的出厂质量证明书或试验报告书。

第二，钢筋的外观检查。外观检查包括钢筋应当平直、无损伤，表面不得有裂纹、油污、颗粒状或片状锈蚀，钢筋表面凸块不允许超过螺纹的高度，钢筋的外形尺寸应符合有关规定。

第三，做力学性能试验。以热轧钢筋为例，同规格、同炉罐（批）号的不超过 60 t 钢筋为一批，每批钢筋中任选两根，每根取两个试样分别进行拉伸试验（测屈服点、抗拉强度和伸长率三项）和冷弯试验。如有一项试验结果不符合规定，则从同一批中另取双倍数量试样重做各项试验。如仍有一个试样不合格，则该批钢筋为不合格，应当降级使用。对有抗震要求的框架结构纵向受力钢筋进行检验时，所得的实测值应当符合下列要求：

①钢筋的抗拉强度实测值与屈服强度实测值的比值应不小于1.25。

②钢筋的屈服强度实测值与钢筋强度标准值的比值，当按照一级抗震设计时，应不大于1.25；当按照二级抗震设计时，应不大于1.4。

钢筋运至现场后，必须严格按批分等级、牌号、直径、长度等挂牌存放，并注明数量，不得混淆。应当堆放整齐，避免锈蚀和污染，堆放钢筋的下面要加垫木，离地有一定距离；有条件的，尽量堆入仓库或料棚内。

2.钢筋加工

（1）钢筋调直

直径在10 mm以下的光圆钢筋通常以盘卷供货，针对盘卷供货的钢筋需要在加工之前进行调直。钢筋调直的方法有手工调直与机械调直。

手工调直冷拔低碳钢筋可以通过导轮牵引调直。盘卷钢筋通过导轮后若有局部慢弯，可以用小锤敲直。盘卷钢筋可以用绞盘拉直，直条粗钢筋弯曲拉直较缓慢，可以用扳手就势调直。

机械调直是通过钢筋调直机或卷扬机调直，钢筋调直机可以用于调直直径为6～14 mm的圆盘钢筋，并且根据需要长度自动切断钢筋，在调直过程中可将钢筋表面的氧化物、铁锈和污物直接除掉。

钢筋调直机主要是通过高速飞转的调直筒，带动调直块将钢筋连续地矫正，从而完成钢筋的调直工作，可准确地控制钢筋的断料长度，并能自动计数。

卷扬机拉直设备，两端采用地锚承载力。冷拉滑轮组回程采用荷重架，标尺伸长。在使用卷扬机拉直时应注意控制冷拉率，HPB300级钢筋的冷拉率不宜大于4%，HRB335级钢筋、HRB400级钢筋的冷拉率不宜大于1%。

根据现行国家标准《混凝土结构工程施工质量验收规范》（GB 50204—2015）的规定，盘卷钢筋调直后应进行力学性能和重量偏差检验，其强度、断后伸长率、重量负偏差应符合规定。重量负偏差不符合要求时，调直钢筋不得复检。在使用机械调直时，应注意加工区域的安全，防止发生安全事故。对于调直好的钢筋应按照级别、直径、长短、数量分别堆放。

（2）钢筋除锈

为保证钢筋与混凝土之间的黏结力，现行国家标准《混凝土结构工程施工质量验收规范》（GB 50204—2015）中规定，钢筋表面不得有锈片状老锈，针对产生锈蚀的钢筋应除锈。在加工钢筋之前，首先应对钢筋的表面进行检查，根据实际情况确定合适的处理方法。

经过除锈处理的钢筋表面，不应有颗粒状或片状的老锈。在除锈过程中，发现钢筋表面的氧化皮脱落严重并且已经损伤钢筋截面的应该降级使用或剔除不用。除锈后钢筋表面仍有严重麻坑、斑点腐蚀界面时，也应降级使用或剔除不用。

（3）钢筋剪切

钢筋切断时采用的机具设备有钢筋切断机和手动液压切断器。钢筋切断应注意的问题如下：

第一，将同规格钢筋根据不同长度长短搭配，统筹排料；一般应先断长料，后断短料，减少短头，减少损耗。

第二，断料时应避免用短尺量长料，防止在量料中产生累计误差。

第三，钢筋切断机的刀片，应由工具钢热处理制成。

第四，在切断过程中，若钢筋有劈裂、缩头或严重的弯头等必须切除；若钢筋的硬度与该钢筋有较大的出入，应及时向有关人员反映，查明原因。

第五，钢筋的断口，不得有马蹄形或起弯等现象。

（4）钢筋弯曲

受力钢筋的弯折和弯钩应符合下列规定：

第一，HPB300 级钢筋末端应做 180° 弯钩，弯弧内直径不应小于钢筋直径的 2.5 倍，弯钩的弯后平直部分长度不应小于钢筋直径的 3 倍。

第二，设计要求钢筋末端做 135° 弯钩时，HRB335 级、HRB400 级钢筋的弯弧内直径不应小于钢筋直径的 4 倍，弯钩后的平直长度应符合设计要求。

第三，钢筋做不大于 90° 的弯折时，弯折处的弯弧内直径不应小于钢筋直径的 5 倍。

除焊接封闭箍筋外，箍筋、拉筋的末端应按设计要求做弯钩。当设计无具体要求时，应符合下列规定：

第一，箍筋弯钩的弯弧内直径除应满足受力钢筋的弯折和弯钩的规定外，还不应小于受力钢筋直径。

第二，箍筋弯钩的弯折角度：一般结构不宜小于 90°；有抗震等要求的结构弯钩应为 135°。

第三，弯钩后平直部分长度：一般结构不应小于箍筋直径的 5 倍；有抗震等要求的结构不应小于箍筋直径的 10 倍。

3.钢筋连接

钢筋的连接方法有焊接连接、绑扎搭接连接和机械连接。在进行钢筋连接时，应注意以下问题：

第一，钢筋接头宜设置在受力较小处，同一根钢筋不宜设置 2 个以上接头，同一构件中的纵向受力钢筋接头宜相互错开。

第二，直径大于 12 mm 以上的钢筋，应优先采用焊接接头或机械连接接头。

第三，轴心受拉和小偏心受拉构件的纵向受力钢筋、直径大于 28 mm 的受拉钢筋、直径大于 32 mm 的受压钢筋不得采用绑扎搭接接头。

第四，直接承受动力荷载的构件、纵向受力钢筋不得采用绑扎搭接接头。

（三）混凝土

混凝土工程分为现浇混凝土工程和预制混凝土工程两类，是钢筋混凝土结构工程的重要组成部分。混凝土工程包括配料、搅拌、运输、浇筑、振捣和养护等工序。在混凝土工程施工中，各道工序之间紧密联系，相互影响，任何一道工序施工不当，都会影响混凝土工程的最终质量。

1.混凝土配料

混凝土是由胶凝材料、粗骨料、细骨料和水组成，需要时掺外加剂和矿物掺合料，按设计配合比配料，经均匀拌制、筛选石子密实成型、养护硬化而成的人造石材。混凝土组成材料的质量及其配合比是保证混凝土质量的前提。因此，在施工中对混凝土施工配合比应严格控制。

混凝土的施工配合比，应保证结构设计对混凝土强度等级及满足施工对混凝土和易性的要求，并应符合合理使用材料、节约水泥的原则。同时，还应符合抗冻性、抗渗性等耐久性要求。

2.混凝土搅拌

（1）加料顺序

确定混凝土各原材料投料顺序，应当考虑保证混凝土的搅拌质量，减少机械磨损和水泥飞扬，常采用一次投料法、二次投料法。

第一，一次投料法。将沙、石、水泥和水一起加入搅拌筒内进行搅拌。搅拌混凝土前，先在料斗中装入石子，再装水泥及沙。水泥位于沙与石之间，上料时要减少水泥飞扬。同时，水泥及沙子不能黏住斗底。料斗将沙、石、水泥倾入搅拌机时，同时加水。该法工序简单，常被采用。

第二，二次投料法。二次投料法分为预拌水泥砂浆法和预拌水泥净浆法。

预拌水泥砂浆法是先将水泥、沙和水加入搅拌筒内进行充分搅拌，成为均匀的水泥砂浆后，再加入石子搅拌成均匀的混凝土。

预拌水泥净浆法是先将水泥和水充分搅拌成均匀的水泥净浆后，再加入沙和石搅拌成混凝土。

（2）搅拌时间

搅拌时间是指从全部材料投入搅拌筒中起，至开始卸料为止所经历的时间，其与搅拌质量密切相关。搅拌时间过短，混凝土搅拌不均匀，会影响混凝土强度及和易性；搅拌时间过长，混凝土均质并不能显著增加，反而使混凝土和易性降低，同时影响混凝土搅拌机生产率。加气混凝土也会因搅拌时间过长而使其含气。

（3）一次投料量

施工配合比换算以每立方米混凝土为计算单位，搅拌时要根据搅拌机的出料容量（即一盘可搅拌出的混凝土量）来确定一次投料量。

3.混凝土运输

混凝土在运输过程中，应满足下列要求：

第一，应保持混凝土的均质性，不发生离析现象。

第二，混凝土运至浇筑点开始浇筑时，应满足设计配合比所规定的坍落度。

第三，应保证在混凝土初凝之前能有充分的时间进行浇筑和振捣。

4.混凝土浇筑

混凝土浇筑前，应对模板、钢筋、支架和预埋件进行检查；检查模板的位置、标高、尺寸、强度和刚度是否符合要求，接缝是否严密，预埋件位置和数量是否符合图样要求；检查钢筋的规格、数量、位置、接头和保护层厚度是否正确；清理模板上的垃圾和钢筋上的油污，浇水湿润木模板；填写隐蔽工程记录。

5.混凝土养护

浇捣后的混凝土凝结硬化后，主要是水泥水化结果，而水化作用需要适当的温度和湿度。如果气候炎热、空气干燥，不及时进行养护，会令混凝土中的水分蒸发过快，出现脱水现象，使已形成凝胶体的水泥颗粒不能充分水化，不能转化为稳定的结晶，缺乏足够的黏结力，影响混凝土强度。混凝土养护就是创造一个具有适宜的温变和湿度环境，使混凝土凝结硬化，逐渐达到设计要求的强度。

第三节　装饰装修工程施工技术

一、抹灰

抹灰用的水泥宜为硅酸盐水泥、普通硅酸盐水泥，其强度等级不应小于 32.5。不同品种、不同强度等级的水泥不得混合使用。抹灰用的沙子宜选用中沙，沙子使用前应过筛，以此来保证沙子中不含有杂物。抹灰用石灰膏的熟化期不应少于 15 d，罩面用磨细石灰粉的熟化期不应少于 3 d。

不同材料基体交接处表面的抹灰应采取防止开裂的加强措施。室内墙面、柱面和门洞口的阳角做法应符合设计要求；当设计无要求时，应采用 1∶2 水泥砂浆做暗护角，其高度不应低于 2 m，每侧宽度不应小于 50 mm。水泥砂浆抹灰层应在抹灰 24 h 后进行养护。

基层处理应符合下列规定：

第一，砖砌体，应清除表面杂物、尘土，抹灰前应洒水湿润。

第二，混凝土，表面应凿毛或在表面洒水润湿后涂刷 1∶1 水泥砂浆（加适量胶黏剂）。

第三，加气混凝土，应在湿润后边刷界面剂边抹强度等级不小于 M5 的水泥混合砂浆。

大面积抹灰前应设置标筋。抹灰应分层进行，每遍厚度宜为 5～7 mm。抹石灰砂浆和水泥混合砂浆每遍厚度宜为 7～9 mm。当抹灰总厚度超出 35 mm 时，应采取加强措施。用水泥砂浆和水泥混合砂浆抹灰时，应待前一抹灰层凝结后方可抹后一层；用石灰砂浆抹灰时，应待前一抹灰层七八成干后方可抹后一层。

二、吊顶

后置埋件、金属吊杆、龙骨应进行防腐处理。木吊杆、木龙骨、造型木板和木饰面板应进行防腐、防火、防蛀处理。

重型灯具、电扇及其他重型设备严禁安装在吊顶龙骨上。

（一）龙骨安装

龙骨安装应符合下列规定：

第一，应根据吊顶的设计标高在四周墙上弹线。弹线应清晰、位置应准确。

第二，龙骨吊点间距、起拱高度应符合设计要求。当设计无要求时，吊点间距应小于 1.2 m，应按房间短向跨度适当起拱。主龙骨安装后应及时校正其位置标高。

第三，吊杆应通直，距主龙骨端部距离不得超过 300 mm。当吊杆与设备相遇时，应调整吊点构造或增设吊杆。

第四，次龙骨应紧贴主龙骨安装。固定板材的次龙骨间距不得大于 600 mm，在潮湿地区和场所，间距宜为 300~400 mm。用沉头自攻钉安装面板时，接缝处次龙骨宽度不得小于 40 mm。

第五，暗龙骨系列的横撑龙骨应用连接件将其两端连接在通长次龙骨上，明龙骨系列的横撑龙骨与通长龙骨搭接处的间隙不得大于 1 mm。

（二）纸面石膏板和纤维水泥加压板安装

纸面石膏板和纤维水泥加压板安装应符合下列规定：

第一，板材应在自由状态下进行安装，固定时应从板的中间向板的四周固定。

第二，纸面石膏板螺钉与板边距离：纸包边宜为 10~15 mm，切割边宜为 15~20 mm。水泥加压板螺钉与板边距离宜为 8~15 mm。

第三，板周边钉距宜为 150~170 mm，板中钉距不得大于 200 mm。

第四，安装双层石膏板时，上下层板的接缝应错开，不得在同一根龙骨上接缝。

第五，螺钉头宜略埋入板面，并不得使纸面破损。钉眼应做防锈处理并用泥子抹平。

第六，石膏板接缝应按设计要求进行板缝处理。

（三）石膏板和铝塑板安装

石膏板、铝塑板的安装应符合下列规定：

第一，当采用钉固法安装时，螺钉与板边距离不得小于 15 mm，螺钉间距宜为 150 ~ 170 mm，均匀布置，并应与板面垂直，钉帽应进行防锈处理，并应用与板面颜色相同涂料涂饰或用石膏泥子抹平。

第二，当采用粘接法安装时，胶黏剂应涂抹均匀，不得漏涂。

三、轻质隔墙

（一）轻钢龙骨安装

轻钢龙骨安装应符合下列规定：

第一，应按弹线位置固定沿地龙骨、沿顶龙骨及边框龙骨，龙骨的边线应与弹线重合。龙骨的端部应安装牢固，龙骨与基体的固定点间距应不大于 1 m。

第二，龙骨竖向安装时，一定要保持绝对垂直，龙骨间距应符合设计要求。遇到潮湿房间和钢板网抹灰墙时，龙骨间距不宜大于 400 mm。

第三，安装支撑龙骨时，应先将支撑卡安装在竖向龙骨的开口方向，卡距宜为 400 ~ 600 mm，距龙骨两端的距离宜为 20 ~ 25 mm。

第四，安装贯通系列龙骨时，低于 3 m 的隔墙安装一道，3 ~ 5 m 的隔墙安装两道。

第五，饰面板横向接缝处不在沿地龙骨、沿顶龙骨上时，应加横撑龙骨固定。

（二）木龙骨安装

木龙骨的安装应符合下列规定：

第一，木龙骨的横截面积及纵、横向间距应符合设计要求。

第二，骨架横、竖龙骨宜采用开半榫、加胶、加钉连接。

第三，安装饰面板前应对龙骨进行防火处理。

（三）纸面石膏板安装

纸面石膏板的安装应符合以下规定：

第一，石膏板宜竖向铺设，长边接缝应安装在竖龙骨上。

第二，龙骨两侧的石膏板与龙骨一侧的双层板的接缝应错开，不得在同一根龙骨上接缝。

第三，轻钢龙骨应用自攻螺钉固定，木龙骨应用木螺钉固定。

第四，安装石膏板时应从板的中部向板的四边固定。钉头略埋入板内，但不得损坏纸面，钉眼应进行防锈处理。

第五，石膏板的接缝应按设计要求进行板缝处理。石膏板与周围墙或柱应留有 3 mm 的槽口，以便进行防开裂处理。

（四）胶合板安装

胶合板安装应符合下列规定：

第一，胶合板安装前应对板背面进行防火处理。

第二，轻钢龙骨应采用自攻螺钉固定。木龙骨采用圆钉固定时，钉距宜为 80～150 mm，钉帽应砸扁；采用钉枪固定时，钉距宜为 80～100 mm。

第三，阳角处宜做护角。

第四，胶合板用木压条固定时，固定点间距不应大于 200 mm。

（五）玻璃砖墙安装

玻璃砖墙安装应符合下列规定：

第一，玻璃砖墙应以 1.5 m 高为一个施工段，待下部施工段胶凝材料达到设计强度后再进行上部施工。

第二，当玻璃砖墙面积过大时应增加支撑。玻璃砖墙的骨架应与结构连接牢固。

第三，玻璃砖应排列均匀整齐，表面平整，嵌缝的油灰或密封膏应饱满密实。

四、墙面铺装

湿作业施工现场的环境温度宜在 5 ℃以上；裱糊时空气相对湿度不得大于 85%，应防止湿度与温度发生剧烈变化。

（一）墙面砖铺贴

墙面砖铺贴应符合下列规定：

第一，墙面砖铺贴前应进行挑选，并应浸水 2 h 以上，再晾干表面水分。

第二，铺贴前应进行放线定位和排砖，非整砖应排放在次要部位或阴角处。每面墙不宜有两列非整砖，非整砖宽度不宜小于整砖的 1/3。

第三，铺贴前应确定水平及竖向标志，垫好底尺，挂线铺贴。墙面砖表面应平整、接缝应平直、缝宽应均匀一致。阴角砖应压向正确，阳角线宜做成 45°角对接，在墙面突出物处，应整砖套割吻合，不得用非整砖拼凑铺贴。

第四，结合层砂浆宜采用 1：2 水泥砂浆，砂浆厚度宜为 6～10 mm。水泥砂浆应满铺在墙砖背面，一面墙不宜一次铺贴到顶，以防塌落。

（二）墙面石材铺装

墙面石材铺装应符合下列规定：

第一，墙面砖铺贴前应进行挑选，并应按设计要求进行预拼。

第二，强度较低或较薄的石材应在背面粘贴玻璃纤维网布。

第三，当采用湿作业法施工时，固定石材的钢筋网应与预埋件连接牢固。每块石材与钢筋网拉接点不得少于 4 个。拉接用金属丝应具有防锈性能。灌注砂浆前将石材背面及基层湿润，并应用填缝材料临时封闭石材板缝，避免漏浆。灌注砂浆宜用 1：2.5 水泥砂浆，灌注时应分层进行，每层灌注高度宜为 150～200 mm，且不超过板高的 1/3，插捣应密实。待其初凝后方可灌注上层水泥砂浆。

第四，当采用粘贴法施工时，基层处理应平整但不应压光。胶黏剂的配合比应符合产品说明书的要求。胶液应均匀、饱满地刷抹在基层和石材背面，石材就位时应准确，并应立即挤紧、找平、找正，进行顶、卡固定。溢出胶液应随时清除。

（三）木装饰装修墙制作安装

木装饰装修墙制作安装应符合下列规定：

第一，打孔安装木砖或木楔，深度应不小于 40 mm，木砖或木楔应做防腐处理。

第二，龙骨间距应符合设计要求。当设计无要求时，横向间距宜为 300 mm，竖向间距宜为 400 mm。龙骨与木砖或木楔连接应牢固。

五、涂饰

混凝土或抹灰基层涂刷溶剂型涂料时，含水率不得大于 8%；涂刷水性涂料时，含水率不得大于 10%；木质基层含水率不得大于 12%。施工现场环境温度宜在 5℃~35℃，并应注意通风换气和防尘。涂饰施工的方法主要有以下几种：

（一）滚涂法

将蘸取漆液的毛辊先按 W 形将涂料大致涂在基层上，然后用不蘸取漆液的毛辊紧贴基层上下、左右来回滚动，使漆液在基层上均匀展开，最后用蘸取漆液的毛辊按一定方向满滚一遍。阴角及上、下口宜采用排笔刷涂找齐。

（二）喷涂法

喷枪压力宜控制在 0.4 ~ 0.8 MPa。喷涂时喷枪与墙面应保持垂直，距离宜在 500 mm 左右。两行重叠宽度宜控制在喷涂宽度的 1/3。

（三）刷涂法

刷涂法宜按先左后右、先上后下、先难后易、先边后面的顺序进行。

木质基层涂刷调和漆：先满刷一遍清油，待其干后用油泥子将钉孔、裂缝、残缺处嵌刮平整，干后打磨光滑，再刷中层和面层油漆。

对泛碱、析盐的基层应先用 3% 的草酸溶液清洗，然后用清水冲刷干净或在基层上满刷一遍耐碱底漆，待其干后刮泥子，再涂刷面层涂料。

浮雕涂饰的中层涂料应颗粒均匀，用专用塑料辊蘸煤油或水均匀滚压，待完全干燥固化后，才可进行面层涂饰。面层为水性涂料时应采用喷涂，面层为溶剂型涂料时应采用刷涂。

六、地面

（一）石材、地面砖铺贴

石材、地面砖铺贴应符合下列规定：

第一，石材、地面砖铺贴前应浸水湿润。天然石材铺贴前应进行对色、拼花并试拼、编号。

第二，结合层砂浆宜采用 1∶3 的干硬性水泥砂浆，厚度宜高出实铺厚度 2～3 mm。铺贴前应在水泥砂浆上刷一道水灰比为 1∶2 的素水泥浆或干铺水泥 1～2 mm 后洒水。

第三，铺贴后应及时清理表面，24 h 后应用 1∶1 水泥浆灌缝，选择与地面颜色一致的颜料与白水泥拌和均匀后嵌缝。

（二）竹、实木地板铺装

竹、实木地板铺装应符合下列规定：

第一，基层平整度误差不得大于 5 mm。

第二，铺装前应对基层进行防潮处理，防潮层宜涂刷防水涂料或铺设塑料薄膜。

第三，铺装前应对地板进行选配，宜将纹理、颜色接近的地板集中在一个房间或部位使用。

第四，木龙骨应与基层连接牢固，固定点间距不得大于 600 mm。

第五，毛地板应与龙骨成 30°或 45°铺钉，板缝应为 2～3 mm，相邻板的接缝应错开。

第六，在龙骨上直接铺装地板时，主次龙骨的间距应根据地板的长宽模数计算确定，地板接缝应在龙骨的中线上。

第七，毛地板、地板与墙之间应留有 8～10 mm 的缝隙。

（三）强化复合地板铺装

强化复合地板铺装应符合下列规定：

第一，防潮垫层应满铺平整，接缝处不得叠压。

第二，安装第一排时凹槽面应靠墙。地板与墙之间应留有 8～10 mm 的缝隙。

第三，房间长度或宽度超过 8 m 时，应在适当位置设置伸缩缝。

（四）地毯铺装

地毯铺装应符合下列规定：

第一，地毯对花拼接应按毯面绒毛和织纹走向的同一方向进行。

第二，当使用张紧器伸展地毯时，用力方向应呈 V 字形，应由地毯中心向四周展开。

第三，当使用倒刺板固定地毯时，应沿房间四周将倒刺板与基层固定牢固。

第四，地毯铺装方向，应是毯面绒毛走向的背光方向。

第五，满铺地毯时，应用扁铲将毯边塞入卡条和墙壁间的间隙中或塞入踢脚下面。

第六，裁剪楼梯地毯时，应留有一定的长度余量，以便在使用中可挪动常磨损的位置。

七、幕墙

建筑幕墙是建筑物主体结构外围的围护结构，具有防风、防雨、隔热、保温、防火、抗震和避雷等多种功能，具有新颖耐久、美观时尚、装饰感强、施工快捷、便于维修等特点，是一种广泛运用于现代建筑的结构构件。按材料，幕墙可分为玻璃幕墙、石材幕墙、金属幕墙、混凝土幕墙和组合幕墙。以下重点介绍玻璃幕墙与石材幕墙的施工：

（一）玻璃幕墙施工

玻璃幕墙的施工工序较多，施工技术和安装精度要求比较高，凡从事玻璃安装的企业，必须取得相应专业资格后方可承接业务。

1.有框玻璃幕墙施工

有框玻璃幕墙主要由幕墙立柱、横梁、玻璃、主体结构、预埋件、连接件、连接螺栓、垫杆、开启扇等组成。竖直玻璃幕墙立柱应悬挂连接在主体结构上，并使其处于受拉状态。

有框玻璃幕墙施工流程：测量、放线→调整和后置预埋件→确认主体结构轴线和各面中心线→以中心线为基准向两侧排基准竖线→按图样要求安装钢连接件和立柱、校正误差→钢连接件满焊固定、表面防腐处理→安装框架→上下边密封、修整→安装玻璃组件→安装开启扇→填充泡沫塑料棒→注胶→清洁、整理→检查、验收。下面重点介绍以下几种施工流程：

（1）弹线定位

弹线工作以建筑物轴线为准，依据设计要求先将骨架位置线弹到主体结构上，以确定竖向杆件位置。工程主体部分，以中部水平线为基准，向上、下放线，确定每层水平线后用水准仪对横向节点的标高进行抄平。测量结果应与主体工程施工测量轴线一致，当主体结构轴线误差大于规定的允许偏差时，应征得监理和设计人员同意后，调整装饰工程轴线。

（2）钢连接件安装

钢连接件的预埋钢板应尽量采用原主体结构预埋钢板，无条件时可采用后置钢锚板加膨胀螺栓的方法，但要经过试验确定后置钢锚板的承载力。玻璃幕墙与主体结构连接的钢构件一般采用三维可调连接件，因为三维可调连接件对预埋件埋设精度要求不高。安装骨架时，上下左右及幕墙平面垂直度等可自行调整。

（3）框架安装

立柱先与连接件连接，连接件再与主体结构预埋件连接并调整、固定。同一层横梁安装由下向上进行，安装完一层高度时进行检查并调整、校正，符合质量要求后固定。横梁与立柱连接处应垫弹性橡胶垫片，用于消除横向热胀冷缩应力及变形造成的横竖杆件的摩擦响声。

（4）玻璃安装

安装前擦净玻璃表面尘土，镀膜玻璃的镀膜面应朝向室内，玻璃与构件不得直接接触，以防止玻璃因温度变化发生胀缩。玻璃四周与构件凹槽应保持一定空隙，每块玻璃下部应设不少于 2 块的弹性定位垫块。垫块宽度与槽宽相同，长度不应小于 100 mm。

（5）缝隙处理

窗间墙、窗槛墙之间采用防火材料堵塞，隔离挡板采用 1.5 mm 厚的钢板，并涂防火材料两遍。接缝处用防火密封胶封闭，以保证接缝处严密。

（6）避雷设施安装

安装立柱时应按设计要求进行防雷体系的连接。均压环应与主体结构避雷系统相连，预埋件与均压环通过截面积不小于 48 mm² 的圆钢或扁钢连接。圆钢或扁钢与预埋件均压环进行搭接焊接，焊缝长度不小于 75 mm，位于均压环所在层的每个立柱与支座间应用宽度不小于 24 mm、厚度不小于 2 mm 的铝条连接，保证其导电电阻小于 10 Ω。

2.全玻璃幕墙施工

由玻璃板和玻璃肋制作的玻璃幕墙称为全玻璃幕墙。全玻璃幕墙采用较厚的玻璃，隔声效果较好、通透性强,用于外墙装饰时使室内外环境浑然一体,被广泛用于各种底层公共空间的外装饰。全玻璃幕墙按构造方式可分为吊挂式和坐落式两种。以吊挂式全玻璃幕墙为例,其施工流程为:定位放线→上部钢架安装→下部和侧面嵌槽安装→玻璃肋、玻璃板安装→镶嵌固定及注入密封胶→表面清洗和验收。下面重点介绍以下几种施工流程:

(1)定位放线

同有框玻璃幕墙施工,即使用经纬仪、水准仪,配合钢卷尺、重锤、水平尺,复核主体结构轴线、标高及尺寸,对原预埋件进行位置检查、质量复核。

(2)上部钢架安装

上部钢架是用于安装玻璃吊具的支架,对其强度和稳定性要求较高,应使用热镀锌钢材,严格按照设计要求施工、制作。安装前应注意以下事项:钢架安装前要检查预埋件或钢锚板的质量是否符合设计要求,锚栓位置离混凝土边缘不小于 50 mm;相邻柱间的钢架、吊具的安装必须通顺平直;钢架应进行隐蔽工程验收,需要经监理公司有关人员验收合格后方可对施焊处进行防锈处理。

(3)下部和侧面嵌槽安装

镶嵌固定玻璃的槽口应采用型钢,尺寸较小的槽钢应与预埋件焊接牢固,验收后必须进行防锈处理。下部槽口内每块玻璃的两角附近放置两块氯丁胶垫块,氯丁胶垫块长度不小于 100 mm。

(4)玻璃板安装

第一,检查玻璃质量。重点是检查玻璃有无裂纹和崩边,黏结在玻璃上的铜夹片位置是否正确,要擦拭干净,用笔做好中心标记。

第二,安装电动玻璃吸盘。玻璃吸盘要对称吸附于玻璃面并吸附牢固。

第三,安装完毕后先试吸,即将玻璃试吊起 2 ~ 3 m,检查各吸盘的牢固度。

第四,在玻璃适当位置安装手动吸盘、拉缆绳和侧面保护胶套。

第五,在镶嵌固定玻璃的上、下槽口内侧,一般应粘贴低发泡塑料垫条,垫条的宽度同嵌缝胶的宽度,并且留有足够的注胶深度。

第六,吊车移动玻璃至安装位置,待完全对准后,进行安装。

第七,上层的工人把握好玻璃,等下层工人都能把握住深度吸盘时,可去掉玻璃一侧的保护胶套,利用吸盘的手动吊链吊起玻璃,使玻璃下端略高于下部槽口。此时,下层工人将玻璃拉入槽内并利用木板遮挡防止碰撞相邻玻璃,用木板轻托玻璃下端,防止其与金属槽口碰撞。

第八，玻璃定位。安装好玻璃夹具，各吊杆螺栓应在上部钢架的定位处，并与钢架轴线重合，上下调节吊挂螺栓的螺钉，使玻璃提升和准确就位。第一块玻璃安装后要检查其侧边的垂直度，之后的玻璃只需检查缝隙宽度是否相等、是否符合设计尺寸即可。

第九，做好上部吊挂后，镶嵌固定上下边框槽口外侧垫条，使安装好的玻璃镶嵌固定到位。

（5）灌注密封胶

第一，用专用清洁剂擦拭干净，但不能用湿布和清水擦洗，所注胶面必须干燥。

第二，注胶前需在玻璃上粘贴美纹纸。

第三，由专业注胶工施工，注胶从内外两侧同时进行，注胶速度和厚度要均匀，不要夹带气泡。密封胶的表面要呈现出凹曲面的形状。

第四，耐候硅酮胶的施工厚度，一般应为 3.5～4.5 mm，以保证密封性能。

第五，硅酮结构密封胶的厚度应符合设计中的规定，且需在有效期内使用。

（6）洁面处理

玻璃幕墙施工完毕后，要认真清洗玻璃幕墙表面，使之达到竣工验收的标准。

3.点支撑玻璃幕墙施工

点支撑玻璃幕墙是指在幕墙玻璃的四角打孔，用幕墙专用钢爪将玻璃连接起来，并将荷载传给相应构件，最后传给主体结构。点支撑玻璃幕墙主要有玻璃肋点式连接玻璃幕墙、钢桁架点式连接玻璃幕墙和拉索式点式连接玻璃幕墙。

玻璃肋点式连接玻璃幕墙是一种将玻璃肋支撑在主体结构上，在玻璃肋上面安装连接板和钢爪，玻璃开孔后与钢爪（四脚支架）用特殊螺栓连接而形成的幕墙。

钢桁架点式连接玻璃幕墙是指在金属桁架上安装钢爪，在面板玻璃的四角进行打孔，钢爪上的特殊螺栓穿过玻璃孔，紧固后将玻璃固定在钢爪上形成的幕墙。

拉索式点式连接玻璃幕墙是将玻璃面板用钢爪固定在索桁架上的玻璃幕墙，由玻璃面板、索桁架和支撑结构组成。索桁架悬挂在支撑结构上，由按一定规律布置的预应力索具和连系杆等组成。索桁架起着形成幕墙支撑系统、承受面板玻璃荷载并将荷载传递至支撑结构上的作用。拉索式点式玻璃幕墙施工与其他玻璃幕墙不同，需要施加预应力，其施工流程为：测设轴线及标高→支撑结构的安装→索桁架的安装→索桁架张拉→玻璃幕墙的安装→安装质量控制→幕墙的竣工验收。

（二）石材幕墙施工

石材幕墙的构造一般采用框支撑结构。石材面板的连接方式可分为钢销式、槽式和背拴式。

1.钢销式连接

钢销式连接需要在石材的上下两边或四周开设销孔，石材通过钢销以及连接板与幕墙骨架连接。该方法拓孔方便，但受力不合理，容易出现应力集中导致石材局部被破坏的情况，使用受到限制。

2.槽式连接

槽式连接需要在石材的上下两边或四周开设槽口，与钢销式连接相比，它建筑工程设计与施工的适应性更强。根据槽口的大小，槽式连接可以分为短槽式连接和通槽式连接两种。短槽式连接的槽口较小，通过连接片与幕墙骨架连接，它对施工安装的要求较高。通槽式连接的槽口为两边或四周通长，通过通长铝合金型材与幕墙骨架连接，主要用于单元式幕墙中。

3.背拴式连接

背拴式连接与钢销式连接、槽式连接不同，它将连接石材面板的部位放在面板背部，改善了面板的受力。通常先在石材背面钻孔，插入不锈钢背栓，并扩张使之与石板紧密连接，然后通过连接件与幕墙骨架连接。

第三章　建筑工程招投标管理

第一节　建筑工程招投标的基本知识

一、建筑工程招标方式

根据《中华人民共和国招标投标法》，建筑工程施工招标分为公开招标和邀请招标两种方式。

（一）公开招标

公开招标又称为无限竞争性招标，是指招标人按程序，通过报刊、广播、电视、网络等发布招标公告，邀请具备条件的施工承包商投标竞争，然后从中确定中标者并与之签订施工合同的过程。

1.公开招标的优点

招标人可以在较广的范围内选择承包商，投标竞争激烈，择优率更高，有利于招标人将工程项目交与可靠的承包商实施，并获得有竞争性的商业报价，同时，也可以在很大程度上避免招标过程中的贿标行为。因此，国际上政府采购通常采用这种方式。

2.公开招标的缺点

准备招标、对投标申请者进行资格预审和评标的工作量大，招标时间长、费用高。同时，参加竞争的投标者越多，中标的机会就越少；投标风险越大，损失的费用也就越多，而这种费用的损失必然会反映在标价中，最终会由招标人承担，所以这种方式在一些国家较少采用。

（二）邀请招标

邀请招标也称为有限竞争性招标，是指招标人以投标邀请书的形式邀请预先确定的若干家施工承包商投标竞争，然后从中确定中标者并与之签订施工合同的过程。

采用邀请招标方式时，邀请对象应以 5～10 家为宜，不应少于 3 家，否则就失去了竞争意义。与公开招标方式相比，邀请招标方式的优点是不发布招标公告，不进行资格预审，简化了招标程序，因而节约了招标费用、缩短了招标时间。而且由于招标人比较了解投标人以往的业绩和履约能力，从而降低了合同履行过程中承包商违约的风险。对于较小的工程项目，采用邀请招标方式比较有利。此外，有些工程项目的专业性强，有资格承接的潜在投标人较少或者需要在短时间内完成投标任务等，不宜采用公开招标方式的，也应采用邀请招标的方式。

值得注意的是，尽管采用邀请招标方式时不进行资格预审，但为了体现公平竞争和便于招标人对各投标人的综合能力进行比较，仍要求投标人按招标文件的有关要求，在投标文件中提供有关资料，在评标时以资格后审的形式作为评审内容之一。邀请招标方式的缺点是，由于投标竞争的激烈程度较低，有可能会提高中标合同价，也有可能排除某些在技术上或报价上有竞争力的承包商参与投标。

二、建筑工程招投标策略

招投标策略是指承包商在投标竞争中的系统工作部署及其参与投标竞争的方式和手段。企业在参加工程投标前应根据招标工程情况和企业自身的实力，组织有关投标人员进行投标策略分析，其中包括企业目前经营状况和自身实力分析、对手分析和机会利益分析等。在招投标过程中，企业如何运用以长制短、以优制劣的策略和技巧，关系到能否中标和中标后的效益。通常情况下，建筑工程招投标策略有以下几种：

（一）建筑工程招标策略

第一，招标分公开招标和邀请招标。凡合同额达到招标限额的单项或单位工程，如具备招标条件均采取公开招标方式确定供应商。对不适宜公开招标和市场资源有限无法进行招标的项目，坚持特事特批的原则，按照审批权限上报企业总部审批。招标范围、招标方式和招标组织形式的确定均遵从相关规定。

第二，符合公开招标规定的项目均采取公开招标方式，遇特殊情况需采取邀请招标或不招标的，须经有关方面批准后方可实施。

第三，如要采取邀请招标或不招标，必须报请企业总部批准或总经理办公会批准。采取邀请招标或不招标项目的报请文件主要内容包括：项目的基本情况、估算合同价格、采取邀请招标或不招标的依据和理由、拟邀请参与投标人的名称或拟与其进行竞争性谈判的单位名称等，同时以附件的形式将投标人或谈判单位的基本情况、资质、业绩、实力、技术水平等情况加以说明。

第四，在招标文件的编制中，加强各子项目（包括子项目项下的小项）投标商的资格审查工作，无论采用哪种发包模式，必须通过招标选择合格的供货商，确保所有参加工程施工的供货商的资质符合和满足项目要求。

第五，注重技术方案的合理和优化，力争追求最高的性价比。

第六，在招标阶段重视优化方案的提出，鼓励投标商提出优化方案，优化方案不参与评选，但是在评标阶段作为加分的参考依据。

第七，重视标书中合同条款的及早准备。提前准备好相应合同条款，对于合同中重要的条款，在标书中进行明确和完善，减少未来合同谈判阶段的工作量。

（二）建筑工程投标策略

1.低价竞标策略

低价竞标策略就是建筑企业在某种特定的条件和环境下进行投标时，不得不采用的一种策略和手段，这里所说的低价竞标是一个相对的概念，"高"和"低"皆有一个客观的度，低于这个度的低价竞争，实际上是破坏市场的恶性竞争。但是投标单位采用适度的低价即以成本价为限，若能够中标，对该投标单位来说也未必不是好事，至少可以提升它的知名度。所以，有些投标单位采用低价竞标策略当然也有其必然性和必要性。另外，这种低价竞标也是投标人在投标策略中所用的一种方法，只要不是恶意地去破坏市场的公平竞争，也不失为一种好方法。

2.无利润标的策略

缺乏竞争优势的承包商，在不得已的情况下，只好不考虑利润去夺标。这种策略一般在以下情形中采用：长时期内，承包商没有在建的工程项目，如果再不中标，就难以维持生存。因此，虽然本工程无利可图，只要能有一定的管理费维持公司的日常运转，就可设法度过暂时的困难。对于分期建设的项目，先以低价获得首期工程，而后赢得机会创造第二、三期工程的竞争优势，并在以后的施工中赚得利润。

3.高价盈利策略

投标报价时，既要考虑企业自身的优势和劣势，也要分析投标项目的特点。按照工程项目的不同特点、类别、施工条件等来选择报价策略。而所谓的获得较高利润的报价策略，就是在报价时选择高利润的报价方式。也就是说，在遇到如下情况时报价可高一些：施工条件差的工程；总价低的小工程，以及自己不愿做、又不得不投标的工程；特殊工程，如港口、码头、地下开挖工程等；工期要求急的工程；投标对手少的工程；支付条件不理想的工程；专业要求高的技术密集型工程，假如本公司在这方面有专长，声望也较高，就可以选择高利润的投标报价方式。

4.不平衡报价策略

不平衡报价策略是指在不影响工程总报价的前提下，通过调整内部各个项目的报价，以达到既不提高总报价、不影响中标，又能在结算时得到更理想收益的报价方法。不平衡报价策略适用于以下几种情况：

第一，能够早日结算的项目（如前期措施费、基础工程、土石方工程等）可以适当提高报价，以利于资金周转，提高资金时间价值。后期工程项目（如设备安装、装饰工程等）的报价可适当降低。

第二，经过工程量核算，预计今后工程量会增加的项目，可以适当提高单价，这样在最终结算时可以多盈利；而对于将来工程量有可能减少的项目，可以适当降低单价，这样在工程结算时不会有太大损失。

第三，设计图纸不明确、估计修改后工程量会增加的，可以提高单价；而工程内容说明不清楚的，则可以降低一些单价，在工程实施阶段通过索赔再寻求提高单价的机会。

第四，对暂定项目要做具体分析。因为这一类项目要在开工后由建设单位研究决定是否实施，以及由哪一家承包单位实施。如果工程不分标，不会另由一家承包单位施工，则其中肯定要施工的单价可以报高一些，不一定要施工的则应报低一些。如果工程分标，该暂定项目也可能由其他承包单位施工时，则不宜报高价，以免抬高总报价。

第五，单价与包干混合制合同中，招标人要求有些项目采用包干报价时，宜报高价。一是这类项目多半有风险，二是这类项目在完成后可全部按报价结算。对于其余单价项目，则可以适当降低报价。

第六，有时招标文件要求投标人对工程量大的项目报综合单价分析表，投标时可将单价分析表中的人工费及机械使用费报得高一些，而材料费报得低一些。这主要是为了在今后补充项目报价时，可以参考选用综合单价分析表中较高的人工费和机械使用费，而材料则往往采用市场价，因而可获得较高收益。

5.多方案报价策略

多方案报价策略是指在投标文件中报两个价：一个是按招标文件的条件报的价格；另一个是加注解的报价，即如果某条款做某些改动，报价可降低多少。这样可以降低总报价，以此吸引招标人。

多方案报价策略适用于招标文件中的工程范围不明确，条款不清楚或不公正，或技术规范要求过于苛刻的工程。采用多方案报价法，可以降低投标风险，但投标工作量较大。

6.突然降价策略

突然降价策略是指先按一般情况报价或表现出自己对该工程兴趣不大，等快到投标截止时，再突然降价。采用突然降价策略可以迷惑对手，提高中标概率，但对投标单位的分析判断和决策能力要求很高，要求投标单位能全面掌握和分析信息，作出正确判断。

7.其他报价策略

（1）计日工单价的报价

如果是单纯报计日工单价，且不计入总报价中，则可报高一些，以便在建设单位额外用工或使用施工机械时多盈利。但如果计日工单价要计入总报价，则要具体分析是否报高价，以免抬高总报价。总之，计日工单价的报价是指先分析建设单位在开工后可能使用的计日工数量，再来确定报价的策略。

（2）暂定金额的报价

暂定金额的报价有以下三种情形：

第一，招标单位规定了暂定金额的分项内容和暂定总价款，并规定所有投标单位都必须在总报价中加入这笔固定金额，但由于分项工程量不很准确，允许将来按投标单位所报单价和实际完成的工程量付款。在这种情况下，由于暂定总价款是固定的，对各投标单位的总报价水平竞争力没有任何影响，因此投标时应适当提高暂定金额的单价。

第二，招标单位列出了暂定金额的项目和数量，但并没有限制这些工程量的估算总价，要求投标单位既列出单价，也应按暂定项目的数量计算总价，将来结算付款时可按实际完成的工程量和所报单价支付。在这种情况下，投标单位必须慎重考虑。如果单价定得高，与其他工程量计价一样，将会增大总报价，影响投标报价的竞争力；如果单价定得低，将来这类工程量增大，会影响收益。一般来说，这类工程量可以采用正常价格。如果投标单位估计今后实际工程量肯定会增大，则可适当提高单价，以便在将来增加额外收益。

第三，只有暂定金额的一笔固定总金额，将来这笔金额做什么用，由招标单位决定。这种情况对投标竞争没有实际意义，按招标文件要求将规定的暂定金额列入总报价即可。

（3）可供选择项目的报价

有些工程项目的分项工程，招标单位可能要求按某一方案报价，然后再提供几种可供选择方案的比较报价。投标时，应对不同规格情况下的价格进行调查，对于将来有可能被选择使用的规格应适当提高其报价；对于技术难度大或其他原因导致的难以实现的规格，可将价格有意抬高得更多一些，以阻挠招标单位选用。但是，所谓"可供选择项目"，是由招标单位进行选择，并非由投标单位任意选择。因此，虽然适当提高可供选择项目的报价，并不意味着肯定可以取得较高的利润，只是提供了一种可能性，一旦招标单位今后选用，投标单位才可得到额外利益。

（4）增加建议方案

招标文件中有时规定，可提一个建议方案，即可以修改原设计方案，提出投标单位的方案。这时，投标单位应抓住机会，组织一批有经验的设计和施工工程师，仔细研究招标文件中的设计和施工方案，提出更为合理的方案来吸引建设单位，促成自己的方案中标。这种建议方案可以降低总造价或缩短工期，或使工程施工方案更为合理。但要注意的是，对原招标方案也要报价。建议方案不要写得太具体，要保留方案的技术关键，防止招标单位将此方案交给其他投标单位。同时要强调的是，建议方案一定要比较成熟，具有较强的可操作性。

（5）采用分包商的报价

总承包商通常应在投标前先取得分包商的报价，将其作为自己投标总价的一个组成部分一并列入报价单中。应当注意，分包商在投标前可能同意接受总承包商压低其报价的要求，但等总承包商中标后，他们常以种种理由要求提高分包价格，这将使总承包商处于十分被动的位置。为此，总承包商应在投标前找几家分包商分别报价，然后选择其中一家信誉较好、实力较强和报价合理的分包商签订协议，同意该分包商作为分包工程的唯一合作者，并将分包商的姓名列入投标文件中，但要求该分包商相应地提交投标保函。如果该分包商认为总承包商确实有可能中标，也许愿意接受这一条件。这种将分包商的利益与投标单位捆在一起的做法，不但可以防止分包商事后反悔和涨价，还可能迫使分包商报出较合理的价格，以便共同争取中标。

（6）许诺优惠条件

投标报价中附带优惠条件是一种行之有效的手段。招标单位在评标时，除主要考虑报价和技术方案外，还要分析其他条件，如工期、支付条件等。因此，在投标时主动提出提前竣工、低息贷款、赠给施工设备、免费转让新技术或某种技术专利、免费技术协作、代为培训人员等，均是吸引招标单位、有利于中标的辅助手段。

三、建筑工程招投标价格控制

（一）建筑工程招投标价格形成机制

建筑工程造价，一般是指进行某项工程所花费（指预期花费或实际花费）的全部费用。它是一种动态投资，它的运动受价值规律、货币流通规律和商品供求规律的支配。因此在承包工程投标报价计算中要运用决策理论、会计学、经济学等理论评定报价策略，从行政上、技术上和商务上进行全面鉴别、比较以后，采用科学的计算方法和切合实际的计价依据，合理确定工程造价。

1.现行工程造价的计价依据

施工企业很少有自己的施工预算定额，这给国际承包工程投标报价工作带来了一定的难度。虽然近几年各类工程咨询公司纷纷出现，建设项目实行招投标竞争、项目管理制度，但是在工程造价计价依据方面，定额、取费标准仍然由政府制定、管理并作为法定价格。因此，在工程造价控制中，轻决策、重实施，轻经济、重技术的现象难以改变。

2.市场经济条件下招投标工程计价依据

在市场经济条件下，能够及时、准确地捕捉工程施工市场价格信息是业主和承包商保持竞争优势、控制成本和取得盈利的关键，也是工程招投标价格计算和结算的重要依据。因此，要加大对现行工程造价计价依据的改革力度，在统一工程项目划分、统一计量单位、统一工程量计算规则和消耗定额的基础上，遵循商品经济的规律，建立以市场形成价格为主的价格机制。即实行量价分离，改变计价定额的属性，定额不再作为政府的法定行为，但是量要统一，要在国家的指导下，由有关的咨询公司或专业协会制定工程量计算规则和消耗定额，促进市场公平竞争，保持社会生产力平衡发展。

价格要逐步放开，先由定额法定价向指导价过渡，再由指导价向市场价过渡，与国际市场接轨。企业可以根据自身人员技术水平、装备水平、管理能力、资质、经验和社会信誉制定企业自己的定额与取费标准。在计算某一项具体工程的投标报价时，企业应结合市场供求变化、政府和社会咨询机构提供的价格信息和造价指数、工程质量、承包方式、合同工期、价款支付方式等因素，按照国际惯例和规范灵活自主报价。

3.工程招投标价格的计算

工程招投标价格的表现形式是标底。施工图设计阶段，标底的计算以预算定额为基础；初步设计或扩大初步设计阶段以概算定额为基础；标底的计算方法主要是综合单价法。许多工程是在初步设计或扩大初步设计阶段就开始招标，因此用概算定额为基础编制标底可在一定程度上避免漏项或重复计算的差错，保证计算结果的准确性，但使用的概算定额必须准确、有效。为了满足招投标的需要，目前各工程咨询公司、专业协会可以在政府主管部门的指导下，在全国统一定额及各省建委编制的建筑工程定额，房屋修缮、装修定额，市政定额的基础上将某些子目合并归于主要的子目中，编制概算定额。这样可以大大简化标底的编制工作量，节省时间。

各企业也可以在概算定额的基础上进行费用合并，取消取费类别，变为竞争性费率，即将间接费、管理费、利润等企业竞争性费用及国家法定的税金费率等所有费用均列入每一项单价中，不另外单独计算，这就是综合单价法。这样再结合企业积累的工程资料库，根据市场供求变化、政府和社会咨询机构提供的价格信息和造价指数等因素，可以进一步缩短标底的编制时间，达到更高的准确度，为利用计算机快速报价创造必要的条件。

为了提高工程招投标价格的竞争力，在编制施工组织设计时要体现先进的劳动生产技术，要努力降低工程施工的间接时间、空闲时间，减少和消除设计变更、施工错误导致的返工时间。另外，要避免施工机械的无效闲置，减少临时设施的占地面积，减少库存，提高资金的利用率，等等。

（二）建筑工程招投标价格的有效控制

招投标工程对于承包商来说风险很大，从决定响应招标文件，编制投标文件开始风险就产生了。在计算投标价格时有风险，价格高了不中标，丢项、漏项也不中标，一旦中标就可能有亏损的风险。在工程施工过程中也始终存在着风险因素，有市场价格变化风险、设计风险、物资采购风险、施工管理风险等，直至工程竣工验收合格，工程款、质量保证金如数收回，人员、施工机械安全撤回基地或转移到另一个工程现场，这个工程的风险才最终消失。因此，招投标工程必须做好风险控制，而工程招投标价格的有效控制显得尤为重要。

1.开展财务决策

开展财务决策是企业生产经营和财务管理的一个重要组成部分，是从财务角度对企业经营决策方案进行评价和选择。在国际工程投标价格计算中，要想工程中标并有盈利，必须有适应市场经济体制的财务机制。它的主要任务就是提供企业资金动态信息，密切关注市场变化，作出前瞻性预测分析，为企业投标报价提供决策依据。

传统的事后管理模式，使得现行的概预算制度只是重视承包工程的建筑安装工程费用管理，而忽视了整个项目的造价控制，不重视总体效果的最优化，没能把现代化管理思想（即先预测、后控制的思想）和方法纳入体系中。事后核算式的概预算管理制度不能防止和解决决策及设计阶段的失误、浪费，也不能防止和解决设备材料采购、保管中的价格问题、质量问题及库存问题等。概预算管理离不开定额，甲乙双方都要以定额为基础开展工作，相互沟通、理解。上级管理部门、审计部门和仲裁机构也都以定额作为评判的标准，这是一种静态的投资控制。

招投标价格计算与概预算管理不同，工程招投标价格的计算事先就要考虑企业内外部环境因素，考虑人工、材料、机械台班等价格的变化因素。要了解工程的地理条件和工程范围；要了解项目运行的全过程，项目的组织机构、质量管理、资源管理、合同管理；要研究折旧、技术措施、临时设施的摊销、风险分析；还要与采用的施工方案、标准规范、选用的施工机械、工程价款的支付方式等相结合，对投标价格进行分析，作出财务决策，这是一种微观管理。

因此，应在事前进行"控制"，在投标报价时，就要主动地采取财务决策，使技术与经济相结合，控制工程造价，保证中标和盈利。

2.根据工程实际情况采用有利的合同价格形式

经济合同是法人之间为实现一定的经济目的，明确相互权利和义务的协议。签订合同不仅仅是一种经济业务活动，也是一种法律行为，是运用法律手段和经济手段来管理经济的一种措施。在市场经济条件下，工程招投标不仅仅是一个定价的问题，还要把设计文件、合同条件、文本管理以及招标投标都结合起来。不仅仅要算准价格，还要报出合理的、有竞争性的标书价格。工程招投标结束以后，通过招投标所形成的价格，要以合同的形式固定下来。通过合同管理实现对招投标价格的有效控制。

合同价款与支付条款是经济合同的核心条款之一，在合同谈判、签订、执行、管理过程中占有重要地位。因此，招投标合同价确定下来以后，可以改变过去重进度和质量控制、轻成本控制的思想，对于当年开工、当年竣工的工程，设计部门、施工企业、物资供应部门可以按各自的承包范围，采用固定总价合同，价格从头到尾一次包死；对于跨年度的较大工程或设计文件不完备、工程量不能固定的工程，可以采用单价合同；对于价格变化趋势不清楚，不能一次包死的工程，可以按国际惯例，有所包死，有所不包，也可以在合同中规定价格调整范围及价格调整计算公式，以降低风险。

3.实行限额设计

对于一个工程来说，在其投资建设期内主要包括设计、物资采购和施工管理三个环节。工程投资效益的好坏，工程造价的高低，起决定作用的是设计。工程设计阶段是形成工程造价的首要阶段，在这个阶段，节约投资的机会多、金额大、付出的代价小。工程质量、建设周期、项目功能、项目寿命和项目投资回报率等都在设计阶段以技术和投资费用的形式表现出来。目前的概预算管理往往只重视施工阶段的造价控制，忽视了设计阶段和物资采购阶段的造价控制，出现预算超概算、结算超预算的现象也就在所难免。在工程招投标机制下，工程设计工作的特点是技术决定经济，经济制约技术，因此要做好工程招投标价格的有效控制必须实行限额设计，即在设计规模、设计标准、设计深度、工程数量与投资额等各个方面实现有效控制。

4.改进物资采购管理制度，逐步与市场接轨

在安装工程中，设备费也占有很大的比重，因此，影响工程招投标价格的另一个因素就是物资采购管理制度。要想真正使市场形成价格的机制得以有效运行，就要有相应的物资采购管理制度。

目前，在工程造价控制中，在计算主材费时普遍采用的计算依据是当地建委编制的《××地区××年材料预算价格本》，实际供应价与价格本中的价格之差，在结算时需要补足差价。这种管理方法不能控制采购渠道、采购价格，不能做到事前的成本控制，使工程投资无法得到控制，工程结算价往往超过概预算价格或招投标合同价格。因此，在市场经济条件下，无论是业主还是承包商，采购物资时都要在投标报价或合同规定的

品种、数量、质量、价格范围内实行限额采购，努力降低设备材料费。例如，实行比价采购管理，要货比三家，采购价不能高于预算价、成本价；另外，还要建立和完善内部采购和审核制度，实行决策权、执行权、审核权三权分立等，从而有效控制工程造价。

5.工程索赔是招投标价格控制的又一项重要工作

工程招投标价格控制的另一项重要工作是工程索赔管理。索赔是法律和合同赋予的正当权利，承包商应树立索赔意识，重视索赔、善于索赔，建立健全索赔管理机制。目前的概预算管理制度中，结算常采用预算加设计变更加签证的做法，是一种事后算账的做法，而招投标工程中价格要以合同的形式固定下来，对于设计变更、超合同范围的工作量、不可预见费、不可抗力以及对方违约造成的损失则要通过索赔的形式来维护自己的利益。因此，招投标工程的索赔有其独特的规律，是一种先算账后干活儿、算好账再干活或边算账边干活的动态控制方法。

承包商要有很强的经营意识，从合同的缔结直至履行完毕，始终坚持扩大经济效益这一根本目标，一切活动都是为了实现这一根本目标。承包商要充分发挥主观能动性，不要等到亏损了再来想办法，而要把索赔当作提高经济效益的重要途径，在事件发生前就要考虑应采取的措施，积极主动地研究利用和控制风险的办法。在索赔时效内，按照索赔程序，依照可靠的证据，提出索赔理由和索赔内容，编报索赔文件。

在市场经济条件下，招投标工程是一个系统工程，涉及方方面面，其价格形成的机制有其固有的特点和运行规律，因此，要根据其特点和运行规律，认真做好招投标工程的价格计算和控制，提高竞争力，既要保证工程中标，又要保证能取得一定的经济效益。

第二节 建筑工程招投标管理现状及改进策略

一、建筑工程招投标管理现状

（一）价格形成机制不健全

现行的工程造价控制制度是在计划经济模式下建立的，忽视了企业独立的经济地位，国家直接参与管理活动，直接制定和控制构成工程造价的各种因素，如设备材料出厂价、采购保管费、运杂费、工资、间接费、管理费和税金等。在工程造价计价依据方面，定额、取费标准由政府制定，并作为法定价格。国家的法定价格只是反映了社会的平均水平，并且存在一定的时滞性，没有真正反映市场价，也不能体现一个公司真正的水平，更不能体现各投标企业间管理机制、经营水平、技术水平、材料的采购渠道及采购规模效应、施工装备等企业综合实力的差异，这对于综合实力强的企业是不公平的，不利于降低工程造价。

（二）标底不能真正反映工程价格

工程量清单为投标者提供了一个共同的竞争性投标的基础，从而有利于投标人编制商务标底，也有利于专家进行评审。然而，招标人提供的工程量清单中工程量的准确性存在不足，按国际工程惯例，投标人应对工程量清单进行复核、确认，但目前在工程实施过程中，常常发生中标单位因业主提供的工程量清单中工程量漏算或少算，而向业主索赔的事件，从而使业主在投资控制方面面临失控的风险。在市场供求失衡的状态下，一些建设单位不顾客观条件，人为压低工程造价，使标底不能真实反映工程价格，从而使招标投标缺乏公平性和公正性，使施工单位的利益受到损害。

（三）评标、定标缺乏科学性

评标、定标是招标工作中最关键的环节，要体现招投标的公平合理，必须要有一个公正合理、科学先进、操作准确的评标办法。目前，还缺乏这样一套评标标准，导致一些建设单位仍单纯看重报价的高低，以取低标为主；评价小组成员中绝大多数是建设单位派出的人员，有失公正性；在评标过程中，存在极大的主观性和随意性；在评标中定性因素多，定量因素少，缺乏客观公正性；开标后议标现象仍然存在，甚至把公开招标演变为透明度极低的议标招标。建设工程招投标是一个相互制约、相互配套的系统工程，目前，招投标本身法律、法规体系尚不健全，改革措施滞后。市场监督和制约机制不够完善，也缺乏配套的改革措施，这就给招投标带来很大的风险。

（四）预算编制受主客观因素影响大

预算编制的准确性是中标的关键。在综合评标法中，报价这一指标的权重往往占60%～70%，而预算编制是否准确，是报价是否合理的关键。如果预算编制不准确就会使报价偏离评标价，使得报价过低并导致投标失败。工程招投标过程的时间安排一般都比较紧凑，而预算编制受主客观因素的影响较大，它会使许多真正有竞争力的企业由于出现简单错误而失去竞争力，这对施工企业来说是一大损失。

（五）工程造价控制制度滞后

1.工程造价不能反映竞争机制的要求

在市场经济范围内，资源实现最优化配置的前提是自由竞争市场体系，建筑领域的竞争主要集中在建筑工程招标投标阶段，而竞争的核心必然是价格。但事实上，现行的工程造价计价方式不利于公平竞争局面的形成。例如，定额中度量得过于精细，试图"绝对精细"地反映建设项目所消耗的各种资源，因而形成的价格往往缺乏弹性。工程量的计算规则是对施工方法和施工措施都进行严格区分，使竞争性费用无法从造价中分离出来。

2.工程招标投标中采用合理低价中标法

合理低价中标法的目的是通过专家的评审，选择不低于成本报价的投标人。这种方法的前提是专家对工程量清单中各项内容的企业成本有相当程度的了解，但各企业的成本为商业秘密，因此，专家在评审某投标单位的报价过程中，很难保证有充分理由肯定某家企业报价低于其成本价。在大多数情况下，除非投标单位在报价中有明显错误，否则，很难确定报价是否是真正意义上的低价且合理。

二、建筑工程招投标管理的改进策略

（一）加强制度建设，完善招投标相关的法律、法规

在招投标过程中，订立合同时，其订立、履行、变更比较复杂，再加上需要招投标标的多为建设工程项目，技术性比较强，更加剧了问题的复杂性。自 20 世纪 80 年代实行招投标制度以来，已经有相当数量的招投标法律、法规文件出台，但是招投标的立法明显落后于经济的发展，不能满足经济发展的需要，因此必须加快制定招投标配套法规的步伐，细化招投标监管及违规处罚的办法。对于查出的违法违规行为，要做到违法必究，执法必严。对有串标、挂靠行为的投标作废标处理。

（二）加强部门协作，强化责任追究制度

实行招标负责人终身负责制，杜绝串、陪标现象。招标方的代表多为建设单位的领导人，投资所用的钱都是国家的，建设工程质量的好坏，工程价款的多少和自己切身利益没有直接关系。个别负责招标的人由于得到了投标人的种种"好处"，内定中标人，这也是"陪标"现象的"症结"所在。笔者认为，要杜绝此类问题，应实行工程质量终身负责制，如果工程质量出现问题，则可以对招标负责人进行惩罚。这样就可以预防一些因行政干预导致的问题，避免招标投标中的陪标现象。此外，针对当前建筑市场中的转包现象，监理单位应当充分发挥监理职能。从质和量两个方面加以分析，确定中标人是否存在转包行为。

（三）调整监管方式，发挥招标投标管理机构的宏观管理职能

《中华人民共和国招标投标法》规定，招标投标活动及其当事人应当接受依法实施的监督。对招标投标活动进行监督管理的主要任务之一就是保护正当竞争，加强对招标投标活动的监督管理。同时，依法查处招标投标活动中的违法行为。对招标投标活动进行监督的方式主要有：

第一，强化招标投标备案制度，落实招标投标书面报告制度、中标候选人和中标结果公示制度、招标批准制度。

第二，建立健全企业信用管理制度，在招标投标监管环节全面建立市场主体的信用档案，将市场主体的业绩、不良行为等全部记录在案，并向社会公布。将企业的信用情

况纳入工程招投标管理中，出台专门的文件。将市场主体的不良行为与评标直接连接起来，使信用不良者无从立足；同时，打通投诉、举报招标投标中违法违规行为的渠道，达到监管的目的。通过建设项目报建、建设单位资质审查以及对开标、评标过程的监督，可以充分发挥招标投标管理机构的宏观职能，规范工程招标投标活动，真正保证工程施工效益。

第三，转变监管观念，由工程施工前期的阶段性监管转向项目全过程的监管，探索建立招投标管理的后评价制度。

（四）与国际接轨，强化对招投标程序的监督

首先，在招投标过程中，要体现公开、公平、公正的原则，与国际接轨。按市场经济发达国家和国际组织的惯例，应分设招投标管理监督机构和具体执行机构。应有一个与招投标执行机构完全分开的实行集中统一监督管理的部门，有一套完善的监督管理措施和办法，对建筑工程招投标程序实施有效的监督管理，来解决在实践中经常出现的监督不到位或无人监督、无法监督的问题。

其次，可建立健全具体操作规范，完善招投标监督程序。应该按照《中华人民共和国招标投标法》制定一系列招投标操作具体规程。例如，招投标的信息发布、评标过程及评委构成、评标规则和评标方法；合同签订与履约验收及备案审查、执行监督、纠纷仲裁等，都要有相应的管理办法和实施办法。操作人员严格按操作规程办事，从而保证整个招投标过程能依照法定的程序进行。

最后，加强对招投标业务档案的管理。招投标业务档案是衡量和检验招标工作质量的重要资料，也是事后接受监督的重要依据。当一项招投标业务完成后，应立刻整理招投标业务资料，归档封存，防止更改、损坏业务档案。

第四章　建筑工程成本管理

第一节　建筑工程成本管理概述

一、建筑工程成本的概念

建筑工程成本是指完成建筑工程所需要的全部费用。从构成要素来看，建筑工程成本包括直接费用和间接费用。其中，直接费用是指直接参与生产过程中的费用，如材料、人工、机械、设备维修等。间接费用则是指非直接参与生产过程的费用，如管理费用、办公费用、税费等。

二、建筑工程成本管理的特点

建筑工程成本管理的特点主要表现在以下几个方面：

第一，建筑工程成本管理较复杂。由于建筑工程项目的规模较大，参与人员众多，因此管理人员在成本管理方面需要了解多个方面的知识，如物料采购、人员管理、技术服务等。这些方面的管理往往需要多个团队协作才能完成。

第二，建筑工程成本管理的风险较大。建筑工程项目的时间跨度长，环节众多，如土地拍卖、设计、施工等，因此管理难度大、风险也大。在成本管理方面，多种原因可能导致工程成本增加，如物资价格上涨、人力资源投入不足等，使得管理者需要具备较高的风险意识和管理技能。

第三，建筑工程成本管理需要考虑的因素多样。成本管理的内容包括多种元素，如物资、人员、技术等，在建筑工程成本管理中，需要综合考虑多个方面的因素，保证管理的全面性和科学性。

第四，建筑工程成本管理需要立足现实，具体问题具体分析。在管理过程中，管理人员需要密切关注实际情况，采取符合工程实际的成本管理措施，确保工程施工过程中的成本控制。只有通过实时监测、调整和分析成本数据，才能有效地实现成本管理目标。

三、建筑工程成本管理的任务

（一）成本管理计划的制订

建筑工程成本管理的任务之一是制订成本管理计划，该计划是建立在项目管理计划的基础上的。其目的是规划、指导和控制项目的成本，确保项目按照预定的成本范围、质量和进度完成。下面对成本管理计划的制订进行详细阐述：

1.编制成本管理计划的目的与意义

（1）明确项目的成本目标和约束条件

制订成本管理计划是为了确保在项目的生命周期内，项目的成本符合预算，同时满足项目的质量和进度要求。

（2）解决成本管理过程中的问题

在项目执行过程中，可能会出现一些与成本相关的风险和问题，在成本管理计划中需要对这些问题进行详细分析，并制订相应的解决方案。

（3）确保成本管理过程的有效性

成本管理计划可以保证成本管理在整个项目周期内都能够得到有效执行，从而确保项目在预定的成本范围内顺利完成。

2.编制成本管理计划的步骤

第一，确认收益目标和约束条件。这一步是确立成本管理计划的前提条件，需要明确项目收益目标和预算限制等成本限制条件。

第二，确定成本管理计划的总体目标和具体实施方案，包括成本估算的方法和成本控制的具体措施。

第三，编制成本管理计划的时间表，包括成本管理计划的编制时限、成本估算和预算编制时间、成本监控和控制时间等。

第四，确定成本估算和预算所需要的定义、规则和方法，以确保目标的实现和成本的控制。

第五，明确成本控制和监控的具体措施与方法，以及对控制和监控效果进行评估和反馈的机制。

3.成本管理计划编制过程中需要注意的问题

（1）成本管理计划的维护与修订

成本管理计划不是一份静态的文档，而是需要随时跟进和修订的动态计划，所以要制订明确的维护和修订方案。

（2）合理分配成本管理资源

需要合理分配成本管理的人力、物力和财力等资源，确保有效控制和监督成本管理计划的实施。

（3）重视成本控制和监测分析

成本控制和监测分析是成本管理计划的核心工作，管理人员需要重视这个环节，并制订应对紧急情况的预案。

编制完善的成本管理计划是建筑工程项目成本管理的基础，对于确保项目的成本控制，使其符合质量和进度要求具有重要意义。

（二）成本估算与预算

在建筑工程项目的成本管理任务中，成本估算与预算是其中一项至关重要的任务。成本估算与预算的主要任务是确定整个项目的成本，并在项目的生命周期内监控和控制这些成本。在这个过程中，需要对建筑工程项目各个方面的内容进行详细的估算和预算。

首先，在进行成本估算与预算之前，需要对项目的设计和技术方案进行评审和确认，确定工程所需要的人力、物力和财力等各种资源，以及相应的建筑工程周期。在此基础上，对每个阶段的项目成本进行详细的量化和估算。

其次，在具体的成本估算与预算工作中，需要根据项目的实际情况，选定合适的成本估算方法和技术手段，如数据分析、统计学方法、专家咨询等，以确保成本预算的准确性和全面性。同时，还需要对不确定因素进行预测和分析，如市场变化、物价波动等，以便及时调整预算和采取成本控制措施。

最后，在整个工程项目的生命周期中，建立健全的成本预算和监控体系，能对成本实施全面、科学的控制，能及时纠正偏差和预测风险，从而有效保障成本预算的准确性和全面性。除此之外，管理人员还需要建立一套成本审核和记账制度，确保成本数据的真实、准确和透明，以便分析和控制成本。

在建筑工程项目中，成本估算与预算是确保项目顺利完成的重要步骤，对于提高项目的管理水平和效益具有重要的意义和价值。因此，管理人员需要高度重视成本估算与预算工作，不断完善和创新成本管理方法及技术手段，以适应复杂多变的市场和环境，提高自身的管理水平和能力。

（三）成本监控与控制

在建筑工程项目的成本管理中，成本监控与控制是非常重要的一环。成本监控是指对项目成本进行实时跟踪，以便及时发现成本偏差并采取相应的纠正措施。成本控制则是指对项目成本的管理和控制，使项目在成本预算范围内得以顺利进行。

在实施成本监控与控制时，需要采取以下措施：

1.制订项目成本计划

在项目初期，应制订项目成本计划，明确项目的预算范围、预算金额以及成本控制的目标。成本计划是实现成本控制的基础和前提，需要严格执行。

2.确定成本指标

成本指标是对项目成本进行衡量的标准，包括单位工程造价、单位工程工期、单位工程产值、土方工程数量等。在确定成本指标时，需要考虑项目的实际情况，并与成本计划进行对比，以便及时发现偏差并采取相应的措施。

3.实施成本估算和预算

成本估算和预算是进行成本控制的重要手段，需要在项目初期进行。成本估算需要根据项目的实际情况进行合理的估算，成本预算则是根据成本计划对各项成本进行详细的分析，以便对总预算和单项预算进行控制。

4.进行成本监测和分析

在项目执行过程中，管理人员需要进行成本监测和分析，及时了解项目的成本执行情况，发现成本偏差，并根据成本指标进行合理的调整。

5.实施成本控制

成本控制是进行成本管理的重要手段，需要通过控制成本指标、控制工程质量、控制工程进度等方式，对项目的成本进行全方位的控制，从而确保项目在预算范围内进行。同时也需要建立完善的成本控制机制，实现成本控制全过程管理。

成本监控与控制是建筑工程项目成本管理的重要任务，需要在项目的全过程中全面实施，以实现项目预算范围内的成本控制。

四、建筑工程成本管理的措施

（一）建设成本管理信息系统

在建筑工程项目成本管理中，成本管理信息系统的建设是非常重要的。下面将从建设成本管理信息系统的必要性、内容和步骤三个方面进行探讨：

1.建设成本管理信息系统的必要性

随着建筑工程项目的不断增多，工程规模的不断扩大，传统的手工记录成本数据已经无法满足管理者的需要。而成本管理信息系统可以为管理者提供实时、准确的成本数据，帮助管理者确定成本、预防和纠正成本偏差，因此建设成本管理信息系统具有重要的现实意义。

2.建设成本管理信息系统的内容

成本管理信息系统的建设包括两个方面：一是硬件设备和软件系统的选型和购置，二是信息采集、处理和分析的流程设计。其中，硬件和软件设备的选型决定了系统的运行效率和稳定性，而流程设计是核心内容，也是实现成本有效管理的关键。

3.建设成本管理信息系统的步骤

建设成本管理信息系统需要经过系统规划、需求分析、系统设计、软硬件选型、系统实施、测试运行等多个步骤。其中，系统规划阶段主要确定成本管理信息系统的目标与功能，需求分析阶段主要确定数据采集、处理和分析的需求，系统设计阶段包括数据结构设计、系统界面设计、编码和测试等。

成本管理信息系统的建设对于建筑工程项目成本管理的有效实施具有重要作用。建立并完善成本管理信息系统，是建筑工程项目成本管理的重要措施之一。

（二）确立成本管理标准

确立成本管理标准是为了规范成本管理流程，全面、及时把控建筑工程项目成本。

1.建立成本管理标准体系

建立成本管理标准体系是建筑工程项目成本管理的关键环节，它通过普及成本管理知识，规范成本管理流程，提升成本管理水平，从而实现建筑工程项目成本的全面控制。在建立成本管理标准体系时，需要考虑行业特性和管理要求，整合各方面的标准，形成适合企业实际的标准体系。

2.明确成本管理流程

建筑工程成本管理流程是一个综合而复杂的体系。在管理过程中，需要管理人员准确地掌握每一个步骤，将其细化到具体的细节，以便更好地管理和控制成本。制定成本管理流程是为了在成本控制过程中能够有条不紊地执行各项管理措施。

3.确定成本核算规则

成本核算规则包括建筑工程项目各种成本的核算方法、要素、计算公式等。确定成本核算规则的目的是确保成本计算过程的规范和科学。

（三）建设成本管理团队

在建筑工程成本管理中，拥有一支高效运转的成本管理团队非常关键。成本管理团队是由具备财务、工程、管理等专业背景的人员组成的团队，其主要任务是对项目的成本进行全方位的管理和控制。下面将从成本管理团队的组成、培养和管理三个方面进行探讨：

首先，成本管理团队需要具备丰富的专业知识和工程实践经验。团队中的成员需要在财务、建筑工程、工程造价等领域具备丰富的知识储备，能够对成本管理的各个方面进行全方位的考虑和分析。同时，还需具有多年的项目管理和实践经验，对工程项目的详细流程和技术特点非常熟悉，能够在进行项目成本管理时快速、准确地定位和解决问题。

其次，对于成本管理团队的培养，需要重视人才的引进、培养和留用。第一，需要建立完善的人才引进机制，吸引具有相关专业背景和实践经验的人才加入管理团队。第二，要注重对人才的培养和晋升，鼓励团队成员学习和进修，提高整体素质和专业技能。

第三，建立科学的考核和晋升机制，激发团队成员的积极性和创造性。第四，注重优秀人才的留用，优秀人才是管理团队提高管理水平的重要保障。

最后，成本管理团队还需要建立一套科学的管理体系和工作流程，确保团队工作的高效性和稳定性。具体来说，可通过建立团队组织机构和任务分配制度，明确团队成员的职责和工作量；运用信息化手段改进协作平台和信息共享系统，确保成本管理的实时性和准确性；同时，要加强团队成员之间的交流和协作，提高团队整体的协同能力。

第二节 建筑工程成本控制

一、建筑工程成本控制的概念

成本控制是指通过对工程成本进行有效管理，达到合理控制成本支出的目的。在建筑工程施工过程中，成本控制是非常重要的一个环节。只有通过对成本的合理控制，才能确保整个工程的顺利进行。

在实践中，建筑工程的成本控制主要是通过对人工费用、材料费用以及设备费用等方面进行有效控制，以达到降低成本的目的。成本控制应当是一个全方位的概念，涉及建筑工程施工的各个环节，包括规划、设计、施工合同的签订、现场施工管理以及整个工程的后期验收等。

二、建筑工程成本控制的原则

建筑工程成本控制的原则是指在成本控制过程中所必须遵循的一些规则和标准。建筑工程成本控制应遵循以下原则：

第一，贯彻成本主义原则。这个原则是指在建筑工程施工过程中，必须始终把成本控制放在第一位，从成本控制的高度审视工程施工，保证施工者在工程的计划、控制、组织和协调等环节都能寻求经济、合理的成本控制方法。

第二，遵循先期预算原则。拟定建筑工程预算是建筑工程施工成本控制的基础。进行先期预算，即预先对拟建工程所需的投资规模、材料、设备等提出明确的要求，对整个建设过程的规划和全面控制至关重要。

第三，遵循主材、设备价格双报制度原则。在整个建筑工程成本控制过程中，主材、设备选型和采购环节是施工成本控制的重要环节。在控制成本的同时，还要保证施工材料和设备质量的可靠性。因为建筑材料和设备的质量、性能直接影响施工成果，所以管理人员必须严格执行主材、设备价格双报制度，尽可能控制建筑工程施工成本。

第四，强化采购管理体制改革。建筑工程成本控制的重点是采购管理体制的改革。在建筑工程施工过程中，采购管理是一个涉及多个项目的综合性过程。对于满足施工项目的质量、进度等方面的要求，要加强采购管理，建立一套完整的采购管理体制，以此实现在满足施工项目质量要求的基础上降低工程成本。

总之，建筑工程成本控制的原则至关重要，合理遵循相关原则可以有效降低建筑工程投资成本，提高工程质量，有助于促进城市化进程和提升国家综合建设实力。

三、建筑工程成本控制的重要性

建筑工程成本控制在整个工程中起着极为关键的作用。它能够帮助团队控制和管理整个工程的费用，确保整个施工过程的资金使用较为合理，将成本保持在可控范围内。

首先，有效的成本控制可以确保工程的投资回报。成本控制可以帮助团队了解整个施工过程中每一项活动所需要的成本以及其中的变化，有针对性地调整施工计划，从而有效地提高投资回报。同时，成本控制还可以帮助企业预测整个工程周期的成本变化。

其次，成本控制可以有效减少资金浪费。通过对整个工程的成本进行控制，可以避免一些不必要的资金浪费。同时，成本控制还可以帮助企业管理好采购渠道，减少材料和设备的浪费，从而有效降低生产成本。

最后，成本控制可以提高企业的核心竞争力。在建筑行业，企业之间的竞争日益激烈，成本控制有助于增强企业的核心竞争力。如果一家企业能够有效地控制施工成本并在合理的成本范围内获得最大的利润，那么它就可以获得更多的订单，从而得到更大的市场份额。

建筑工程成本控制是建筑行业非常重要的一环，对于企业的中长期发展和竞争优势的确立具有不可替代的作用。因此，在进行某项工程施工的时候，企业应该着重考虑成本控制，从各个角度出发，注重细节，以达到更好的成本控制效果。

四、建筑工程成本控制的措施

（一）设计阶段的成本控制措施

在建筑工程的施工过程中，设计阶段的成本控制是非常重要的一环。因为设计阶段的决策直接决定了后续施工过程中所需的材料、劳动力和设备，所以在设计阶段就进行成本控制显得尤为重要。以下是一些常用的设计阶段成本控制措施：

第一，要掌握所需的资料和数据，包括建筑设计方案、工艺流程、建筑材料、设备和施工人员等的需求情况以及生产技术等方面的数据。掌握这些数据，对于建筑工程施工成本的合理预算和控制至关重要。

第二，优化建筑设计方案，减少建筑结构的重复建设，尽量少用或不用不必要的材料等，这样就可以有效地控制建筑成本，提高建筑施工效率。

第三，采取材料节约措施。材料耗用量的降低可以直接减少建筑成本。例如，通过提高材料的利用率，或者通过合理的拼接和配合等方式来减少浪费，这些措施不仅可以降低建筑成本，而且有利于环保。

第四，要以合理的效益计算方式来控制成本。在设计阶段，需要细致地计算建筑工程的运营时间、设备成本、维修和保养费用等，以便对成本进行更精准的预算和控制。

对于建筑工程的施工成本控制，设计阶段成本控制的重要性无法忽视。通过以上常用的成本控制措施，可以有效地节约成本，提高建筑施工效率，达到成本控制的目的。

（二）施工阶段的成本控制措施

在施工阶段，为了控制施工成本，需要采取一系列的措施。具体而言，主要包括以下几个方面：

1.制订科学合理的施工方案

在施工前，需要对参与施工的人员和机械设备进行细致的分析和评估，优化施工计划和组织设计，制订出科学合理的施工方案，减少浪费，提高工作效率。

2.合理组建施工队伍

施工队伍是施工过程中不可或缺的一部分，因此必须根据项目的具体条件进行科学合理的人员筛选，选择有相应专业技能的人员，并注意采取一定措施，激励员工积极工作，提高生产效率。

3.控制材料质量和采购成本

在施工过程中，需要掌握项目所需材料的数量及规格要求，同时需要跟进材料的采购和配送过程，保证材料齐备和供应的及时性，还要与采购商和供应商进行协商，控制采购成本，减少浪费。

4.加强管理措施

在施工阶段，管理人员需要制定完善的管理制度，并积极推进管理工作。例如，实施监督管理和区域管理等措施，确保工人遵守安全规范和标准化操作流程，防止过度消耗资源等行为的发生，以此提高工作效率和项目效益。

5.优化机械设备使用

在施工过程中，需要保证正确、合理地使用机械设备，定期进行机械设备的保养和维护。这样不仅可以减少机械设备的故障和损坏对施工进程的影响，还能有效控制机械设备的运行成本。

（三）质量控制和效率提高是阶段成本控制的措施

质量控制和效率提高是施工阶段成本控制的重要手段。在建筑工程施工过程中，各项工作的质量和效率直接影响工程进度和施工成本。因此，要实现施工成本控制目标，必须从质量控制和效率提高两个方面入手：

首先，要通过制定严格的施工质量标准，对施工过程中的各项工作进行监督和检验。只有符合标准的工作才能被认可，并能产生相应的经济效益。

其次，建立有效的质量控制机制，确保施工质量的稳步提高。

最后，提高施工效率也是降低施工成本的重要手段。在施工过程中，如何提高劳动效率、减少物资浪费、避免工程停滞等问题都是管理人员需要考虑的。为此，需要对施工组织进行全方位的考虑和规划，从各个方面提高施工效率。

不仅如此，采用科学的施工方法和技术也是提高施工效率的重要手段。传统的施工模式已经难以适应现代建筑工程的要求，因此需要结合新的施工技术和方法，创新施工流程，提高施工效率和质量，为整个工程的施工进度和成本控制奠定坚实的基础。

加强质量控制和提高施工效率是一个相辅相成的过程。只有坚持科学规划、科学管理、科学施工，才能实现建筑工程施工成本的有效控制。

五、建筑工程成本控制的发展趋势

建筑工程成本控制是一个不断发展的过程，针对未来的发展趋势，人们可以进行以下展望：

（一）引进智能化和信息化技术

随着科技的飞速发展，越来越多的智能化、信息化技术进入建筑施工领域。未来，在建筑工程施工成本控制方面，管理者将更加注重引进和应用先进的智能化和信息化技术，以此来提高施工质量，降低施工成本。

（二）加强节能环保意识

在建筑工程的施工过程中，能源消耗和污染物排放一直是一个亟待解决的问题。因此，未来，在建筑工程施工成本控制方面，企业将更加注重节能环保，加强能源消耗和污染物排放的监测和控制，推行绿色施工。

（三）运用建筑信息模型

建筑信息模型是当前建筑施工领域的热点之一，它能够对建筑施工过程中的各种数据进行集中管理，优化设计方案，并提高施工效率。未来，在建筑工程施工成本控制中，企业将更加重视建筑信息模型的应用，以它的大数据分析和理论支持为参考，从而更加科学、精准地进行施工成本的控制。

（四）加强人员管理

建筑业作为劳动密集型产业，其项目施工过程中的人员管理至关重要。未来，在建筑工程施工成本控制中，企业将更加注重人员的选拔、培训和管理，建立完善的人员管理体系，提高员工素质和技能水平，从而更好地推动施工成本的控制。

建筑工程成本控制是一个不断创新和提高的过程，只有不断跟上时代的步伐，才能更好地提高施工效率，降低施工成本，实现企业的可持续发展。

第三节　建筑工程成本核算

一、建筑工程成本核算的概念

成本核算是指对建筑工程项目各种费用支出进行统计、计算、分析和控制。

成本核算具有客观、精确、全面等特点，需要建立完善的成本核算体系，包括建立科学的核算方法、建立完善的成本档案，采用符合国家有关财务会计法规和标准的核算程序。在成本核算中需要遵循"一个市场价格，两个核算成本，三个管理控制"的原则，即要在考虑市场需求的前提下，精细计算成本，并进行有效的管理和控制。

二、建筑工程成本核算的内容

建筑工程成本核算一般以单位工程为对象，但也可以按照承包工程项目的规模、工期、结构类型、施工组织和施工现场等情况，结合成本管理要求，灵活划分成本核算对象。建筑工程成本核算的基本内容包括：人工费核算、材料费核算、周转材料费核算、机械使用费核算、措施费核算、分包工程成本核算、间接费核算和项目月度施工成本报告编制。

施工成本核算制是明确施工成本核算的原则、范围、程序、方法、内容、责任及要求的制度。项目管理必须实行施工成本核算制，它和项目经理责任制等共同构成了项目管理的运行机制。组织管理层与项目管理层的经济关系、管理责任关系、管理权限关系，以及项目管理组织所承担的责任成本核算的范围、核算业务流程和要求等，都应以制度的形式进行明确的规定。

三、建筑工程成本核算的目的与原则

（一）建筑工程成本核算的目的

在建筑工程项目的实施过程中，核算建筑工程项目成本是非常必要的。建筑工程成本核算的目的是确定建筑工程项目投资规模，编制合理的建筑工程预算和控制建筑工程项目成本的措施，为建筑工程的投资决策提供科学的依据。同时，对建筑工程项目成本进行核算也是为了保证建筑工程项目的质量、安全和进度。

（二）建筑工程成本核算的原则

一般来说，建筑工程成本核算需遵循以下几个原则：

1.确认原则

确认原则是指必须以实际发生的经济业务及证明经济业务发生的合法凭证为依据，如实反映财务状况和经营成果，必须按照一定的标准和范围加以认定和记录，做到内容真实，数据准确，资料可靠。

2.分期核算原则

施工生产一般是连续不断的过程，企业（项目）为了计算一定时期的施工成本，就必须将施工生产活动划分为若干时期，并分期计算各期项目成本。成本核算的分期应与会计核算的分期一致，这样便于财务成果的确定。

3.相关性原则

相关性原则也称为决策有用原则。成本核算要为企业（项目）成本管理目的的服务，它不只是简单的计算问题，而是要与管理融为一体。所以，在具体成本核算方法、程序和标准的选择上，在成本核算对象和范围的确定上，成本核算应与施工生产经营特点和成本管理要求特性相结合，并与企业（项目）一定时期的成本管理水平相适应。

4.一贯性原则

一贯性原则是指企业采用的会计程序和会计处理方法前后各期必须一致，要求企业在一般情况下不得随意变更会计程序和会计处理方法，如固定资产的折旧方法、施工间接费的分配方法、未完工的计价方法等。坚持一贯性原则，并不是一成不变，如确有必要变更，要有充分的理由来解释原成本核算方法进行改变的必要性，并说明这种改变对成本信息的影响。

5.实际成本核算原则

实际成本核算原则是指企业（项目）核算要采用实际成本计价，必须根据计算期内已完工程量以及实际消耗材料的价格计算实际成本。

6.及时性原则

及时性原则是指核算应当及时进行，保证信息与所反映的对象在时间上保持一致，以免会计信息失去时效。凡是会计期内发生的经济事项，应当在该期内及时登记入账，不得拖至后期，并要做到按时结账，按期编报会计报表，以利于决策者使用。

7.配比原则

配比原则是指收入与其相关的成本费用应当配比。这一原则是以会计分期为前提的。当确定某一会计期间已经实现收入之后，就必须确定与该收入有关的已经发生了的费用，这样才能完整地反映特定时期的经营成果，从而有助于正确评价企业的经营业绩。配比原则包括两层含义：一是因果配比，即将收入与对应的成本相配比；二是时间配比，即将一定时期的收入与同时期的费用相配比。

8.权责发生制原则

权责发生制原则是指收入费用的确认应当以收入和费用的实际发生作为确认计量的标准，凡是当期已经实现的收入和已经发生或应当负担的费用，无论款项是否收付，都应作为当期的收入和费用处理；凡是不属于当期的收入和费用，即使款项已经在当期收付，都不应作为当期的收入和费用处理。

9.谨慎原则

谨慎原则是指在有不确定因素影响的情况下，进行判断时要保持必要的谨慎，不抬高资产或收益，也不压低负债或费用。对于可能发生的损失和费用，应当加以合理估计。

10.区分收益性支出和资本性支出原则

区分收益性支出和资本性支出原则是指会计核算应当严格区分收益性支出和资本性支出的界限，以正确地计算企业当期损益。

收益性支出是指该项支出的发生是为了取得本期收益，即仅与本期收入有关。

资本性支出是指该支出的发生不仅与本期收入的取得有关，而且与其他会计期的收入有关。

11.重要性原则

重要性原则是指在选择会计方法和程序时，要考虑经济业务本身的性质和规模，根据特定经济业务对经济决策影响的大小，来选择合适的成本核算方法和程序。

12.清晰性原则

清晰性原则是指会计记录和会计报表都应当清晰明了，便于理解和利用，能清楚地反映企业经济活动的来龙去脉及其财务状况和经营成果。

四、建筑工程成本核算的程序和方法

（一）建筑工程成本核算的程序

建筑工程成本核算的程序是建筑工程成本核算的重要组成部分。在建筑工程成本核算的过程中，程序的确定和实施将直接影响成本核算的精度。从建筑工程成本核算整体来看，其程序主要分为三个部分：前期准备、成本核算和成本分析。

首先，在前期准备阶段，建筑工程成本核算的程序主要包括制订建筑工程项目的规划、编制成本核算计划、明确计算标准和方法等。在这一阶段，需要进行项目主要成本因素分析，确定相关成本控制措施，明确成本计算的范围和标准，为后期成本核算工作的实施奠定基础。

其次，在成本核算阶段，建筑工程成本核算主要包括对材料成本、人工成本、机械费、施工场地费、通信费、临时设备费、财务费用的核算。在这一阶段，需要对各项成本因素进行统计，把握成本核算的重点和难点，准确计算各项成本，为后续成本分析提供数据支持。

最后，在成本分析阶段，建筑工程成本核算的程序主要包括对成本的分析和比较，以及全面的成本控制。在这一阶段，需要综合运用各种技术手段，对成本进行细致分析，确定成本偏差的原因，提出解决方案，以达到控制成本的目的。

建筑工程成本核算的程序十分重要。只有严格按照程序实施，才能保证成本核算的准确性和全面性，为工程施工提供坚实的成本控制保障。在实践中，管理人员需要结合具体情况，合理设计建筑工程成本核算的程序，确保程序的科学性和可行性。

（二）建筑工程成本核算的方法

项目经理部在承建工程项目时，在收到设计图纸以后，首先，要进行"三通一平"（即水通、电通、路通、平整施工场地）等施工前期工作；其次，要组织力量分头编制施工图预算、施工组织设计及施工项目成本计划；最后，将建筑工程项目成本计划付诸实施并进行有效控制，控制效果的好坏要在成本核算后才能知晓。

建筑工程成本核算应采取会计核算、统计核算和业务核算相结合的方法，并应作实际成本与目标成本的比较分析。通常将项目总成本和各个项目的成本相互对比，用以分析成本升降情况，同时将对比结果作为考核的依据。

比较分析的具体方法为：

第一，通过实际成本与责任目标成本的比较分析，来确定工程项目成本的降低水平。

第二，通过实际成本与计划目标成本的比较分析，来考核工程项目成本的管理水平。

建筑工程成本核算是一个复杂的过程，需要采用科学的方法和准确的数据，确保核算结果的准确性和可靠性，并实现工程项目的质量、效益等目标。

五、建筑工程成本核算所需数据

在建筑工程成本核算中，数据是至关重要的，因为项目成本核算需要大量的数据支撑。

首先，建筑工程成本核算所需的数据包括多种类型，如工程量清单、合同、支付凭证、施工记录等，这些数据的准确性、完整性和及时性将影响项目成本核算结果的准确性和可靠性。因此，为了保证数据的准确性和可靠性，需要建立完善的数据来源管理机制。

其次，在数据管理过程中，需要注意保护涉及商业机密和个人隐私的数据，避免其被泄露和滥用。为此，可采用加密、权限管理、备份和恢复等措施，保障数据的安全性。

最后，在建筑工程成本核算过程中，需要采用相应的计算方法和技术工具处理来分析数据，以便获得更加精确的成本核算结果。

第五章　建筑工程进度控制

建筑工程进度控制是指针对工程项目建设各阶段的工作内容、工作程序、持续时间和衔接关系，根据进度总目标及资源优化配置的原则编制计划并付诸实施，然后在进度计划的实施过程中经常检查实际进度是否按计划要求进行，对出现的偏差情况进行分析，采取补救措施或调整、修改原计划后再付诸实施，如此循环，直到建筑工程竣工验收交付使用。

第一节　建筑工程进度控制概述

一、建筑工程进度控制的目标与原则

建筑工程进度控制的目的是在保证工程项目按合同工期竣工、工程质量满足质量要求的前提下，使工程项目符合资源配置要求、投资符合控制目标要求等，实现工程进度整体最优化，进而获得最多的经济效益。因此，建筑工程进度控制是建筑工程管理工作的重要一环。

（一）建筑工程进度控制的目标

建筑工程进度控制是一种目标控制。具体来说，建筑工程进度控制是指在限定的工期内，以事先拟定的合理且经济的工程进度计划为依据，对整个工程施工过程进行监督、检查、指导和纠正的行为。工期是指从开始到竣工的一系列施工活动所需的时间。

建筑工程进度控制的目标包括以下几个方面：

第一，总进度计划要求实现的总工期目标。

第二，各分进度计划（采购、设计、施工等）或子项进度计划要求实现的工期目标。

第三，各阶段进度计划要求实现的里程碑目标。

对计划进度目标与实际进度完成目标进行比较，可以找出偏差及其原因，采取措施进行调整，从而实现对项目进度的控制。建筑工程进度控制是一个运用进度控制系统控制工程施工进度的动态循环过程。建筑工程进度控制在一定程度上能加快施工进度，从而达到降低费用的目的。而超过某一临界值，施工进度加快反而会导致投入费用的增加。因此，对建筑工程的三大目标（质量、投资、进度）进行控制时应互相兼顾，单纯地追求速度会适得其反。也就是说，对建筑工程项目进度计划及进度目标要进行全面控制，这是实现投资目标和质量目标的根本保证，也是履行工程承包合同的重要内容。

（二）建筑工程进度控制的原则

建筑工程进度控制的原则有以下几个：

1.遵守合同原则

建筑工程进度控制的依据是建筑工程施工合同所约定的工期目标。

2.确保质量和安全原则

在确保建筑工程质量和安全的前提下，控制进度。

3.目标、责任分解原则

建筑工程进度控制中必须制定详细的进度控制目标，对总进度计划目标进行必要的分解，确保进度控制责任落实到各参建单位、各职能部门。

4.动态控制原则

采用动态控制方法，随时检查工程进度情况，及时掌握工程进度信息，并进行统计分析，对工程进度进行动态控制。

5.主动控制原则

监督施工单位按时提供进度计划，并严格审批，体现监理单位对工程进度的预先控制和主动控制。

6.反索赔原则

监理要重视对合同的理解，加深对工程进度的认识，尽量避免工程延期，或使工程延期可能造成的损失降到最小。

二、建筑工程进度控制的方式及要求

（一）建筑工程进度控制的方式

1.事前控制

第一，分析进度滞后的风险所在，尽早提出相应的预防措施。根据以往工程施工的经验，造成进度滞后的风险主要包括以下几个方面：一是设计单位出图速度慢，设计变更不能及时确认。二是装修方案和装修材料久议不决。三是设备订货到货晚。四是分包商与总包方配合不力导致"扯皮"现象。五是承包单位人力不足。六是进场材料不合格造成退货。七是施工质量不合格造成返工。

第二，认真审核承包单位提交的工程施工总进度计划。

第三，分析所报送的进度计划的合理性和可行性，提出审核意见，由总负责人批准执行。监理工程师应结合本项目的工程条件，即工程规模、质量目标、工艺的繁简程度、现场条件、施工设备配置情况、管理体系及作业人员的素质水平，全面分析承包商编制的施工进度计划的合理性和可行性。

事前控制阶段需要重点审查的内容包括以下几个方面：

第一，进度计划安排是否符合工程项目建设总工期的要求，是否符合施工承包合同中开工、竣工日期的规定。

第二，周、月、季进度计划是否与总进度计划中总目标的要求一致。

第三，施工顺序的安排是否符合工序的要求。

第四，劳动力、材料、构配件、工器具、设备的供应计划和配置能否满足进度计划的需求，能否保证均衡、连续地生产，需求高峰期时能否有足够的资源满足供应。

第五，施工进度安排与设计图纸供应是否一致。

第六，业主提供的条件（如场地、市政等）以及由其供应或加工订货的原材料和设备，特别是进口设备的到货期与进度计划能否衔接。

第七，总（分）包单位分别编制的分部、分项工程进度计划之间是否协调，专业分工和计划衔接是否能满足合理工序搭接的要求。

第八，进度计划是否有因业主违约而导致索赔的可能性。

第九，监理工程师审查中如发现施工进度计划存在问题，应及时向总承包商提出书面修改意见，其中的重大问题应及时向业主汇报。

第十，编制和实施施工进度计划是承包商的责任，监理工程师对施工进度计划的审查和批准并不能解除总承包商对施工进度计划应负的任何责任和义务。

2.事中控制

第一，认真审核承包单位编制的周、月、季进度计划。

第二，监理例会每周都要检查进度情况，将实际进度与计划进度进行比较，及时发现问题。对滞后的工作，分析原因，找出对策，并调整工序进行弥补，尽量保证总工期不受影响。

第三，积极协调各有关方面的工作，减少工程中的内耗，提高工作效率。

第四，监理工程师积极配合承包单位的工作，及时到工地检查和签认，不能因个人原因影响施工的正常进行。

3.事后控制

第一，根据工程进展的实际情况，适时调整局部的进度计划，使计划更加合理，更具可操作性。

第二，当发现实际进度滞后于计划进度时，立即签发监理工程师通知单，指令承包单位采取调整措施。对承包单位因人为原因造成的进度滞后，应督促其采取措施纠偏，若此延误无法消除，则其后的周及月进度计划均须进行相应调整。

第三，对由于资金、材料设备、人员组织不到位导致的工期滞后，在监理例会上进行协调，并由责任单位采取措施来解决。

第四，如非承包单位自身原因导致的延误，监理工程师应对进度计划进行优化调整，如确实是无法消除的延误，总监理工程师应在与业主协商后，审核批准工程延期，并相应调整其他事项的时间与安排，避免引起工程使用单位的索赔。

（二）建筑工程进度控制的要求

在建筑工程项目施工过程中，不同时间、不同施工阶段对工程进度控制的要求也不同。具体来说，建筑工程进度控制的总体要求有以下几项：

1.突出关键线路

将抓关键线路作为最基本的工作方法，作为组织管理的基本点，作为各项工作的重心。建筑工程可以分解为土方及地基加固、钢筋混凝土结构、设备安装工程及装修工程等，在具体的施工过程中，要抓住每一项工程的关键点进行施工，突出关键线路，这是建筑工程进度控制的基本要求。

2.加强配置生产要素管理

配置生产要素包括劳动力、资金、材料、设备等，在对这些要素进行管理时，要对其进行存量、流量、流向的调查、汇总、分析、预测和控制。合理地配置生产要素是提高施工效率、增强管理效能的有效途径，也是网络节点动态控制的核心和关键。在动态控制中，必须高度重视整个工程施工系统内、外部条件的变化，及时跟踪现场主、客观条件的发展变化，掌握人、材、机械、工程的进展状况，不断分析和预测各工序资源需要量与资源总量以及实际工程的进展情况，分析各工序资源需要量与资源总量以及实际投入量之间的矛盾，规范投入方向，采取调整措施，确保工期目标的实现。

3.严格工序控制

掌握现场施工的实际情况，记录各工序的开始日期、工作进程和结束日期，其作用是为进度计划的检查、分析、调整、总结提供原始资料。因此，严格工序控制有三个基本要求：一是要跟踪记录；二是要如实记录；三是要借助图表形成记录文件。

三、建筑工程进度控制的任务、程序及措施

（一）建筑工程进度控制的任务

建筑工程进度控制的主要任务有以下几项：

第一，编制施工总进度计划并控制其执行，按期完成整个施工项目的施工任务。

第二，编制单位工程施工进度计划并控制其执行，按期完成单位工程的施工任务。

第三，编制分部分项工程施工进度计划并控制其执行，按期完成分部分项工程的施工任务。

第四，编制季度、月（旬）进度计划并控制其执行，完成规定的目标等。

（二）建筑工程进度控制的程序

项目监理机构应按下列程序进行工程进度控制：

第一，总监理工程师审批承包单位报送的施工总进度计划。

第二，总监理工程师审批承包单位编制的年、季、月度施工进度计划。

第三，专业监理工程师对进度计划实施情况进行检查、分析。

第四，当实际进度符合计划进度时，应要求承包单位编制下一期进度计划；当实际进度滞后于计划进度时，专业监理工程师应书面通知承包单位采取纠偏措施并监督实施。

（三）建筑工程进度控制的措施

建筑工程进度控制的措施包括组织措施、技术措施、经济措施、合同措施和信息管理措施。

1.组织措施

第一，明确项目监理机构中进度控制部门的人员具体负责的任务和所承担的职责。

第二，进行项目分解（如按项目结构分解、按项目进展阶段分解、按合同结构分解），并建立编码体系。

第三，确定进度协调工作制度，包括协调会议举行的时间，协调会议的参加人员等。

第四，分析影响进度目标的干扰因素和风险。风险分析要有依据，主要是根据统计资料，对各种影响因素带来的风险及其造成的损失进行预测，并考虑有关项目审批部门对进度的影响等。

2.技术措施

第一，审查承包商提交的进度计划，使承包商能在合理的状态下施工。

第二，编制进度控制工作细则，指导监理人员实施进度控制。

第三，采用网络技术及其他科学、有效的控制方法，并结合计算机技术，对建筑工程进度实施动态控制。

3.经济措施

第一，及时办理工程预付款及工程进度款支付手续。

第二，对应急赶工给予优厚的赶工费用。

第三，对工期提前给予奖励。

第四，对工程延误收取误期损失赔偿金。

4.合同措施

第一，加强合同管理，协调合同工期与进度计划的关系，保证合同中进度目标的实现。

第二，严格控制合同变更，对各方提出的工程变更和设计变更，监理工程师应严格审查后再补入合同文件中。

第三，加强风险管理，在合同中应充分考虑各干扰因素对进度的影响，事先准备相应的处理方法。

第四，加强索赔管理，公正地处理索赔诉求。

5.信息管理措施

主要是通过计划进度与实际进度的动态比较，定期向建设单位提供比较报告等。

第二节　建筑工程设计阶段的进度控制

一、建筑工程设计阶段进度控制的重要性

建筑工程设计阶段的进度控制是建筑工程进度控制的重要内容。建筑工程进度控制的目标是保证工程在确定的工期内完成，而工程设计作为工程项目整体建设的一个重要环节，其设计周期又是建设工期的组成部分。因此，为了实现建筑工程进度总目标，就必须对设计进度进行控制。

设计进度控制是施工进度控制的前提。在建筑工程施工过程中，必须先有设计图纸，然后才能按图施工。只有及时供应图纸，才能保证正常的施工进度，否则，设计就会拖施工的后腿。

设计进度控制是设备和材料供应进度控制的前提。建筑工程所需要的设备和材料数

量是根据设计图纸得来的。设计单位必须列出设备清单，以便施工单位进行加工订货或购买。由于设备制造需要一定的时间，因此必须控制设计工作的进度，这样才能保证设备的供应，材料的加工和购买也是如此。

二、建筑工程设计阶段进度控制的目标

建筑工程设计阶段进度控制的最终目标是按质、按量、按时间要求提供施工图设计文件。确定建筑工程设计进度控制总目标时，其主要依据有：建筑工程总进度目标对设计周期的要求，设计周期定额，类似工程项目的设计进度，工程项目的技术先进程度等。

为了有效地控制设计进度，还需要将建筑工程设计进度控制总目标按设计进展阶段和专业进行分解，从而形成设计阶段进度控制目标体系。

简单来说，建筑工程设计主要包括设计准备、初步设计、技术设计、施工图设计等阶段，为了确保设计进度控制总目标的实现，应明确每一阶段的进度控制目标。

（一）设计准备阶段的目标

设计准备阶段的工作内容主要包括确定规划设计条件、提供设计基础资料以及委托设计等，它们都应有明确的时间目标。设计工作能否顺利进行，以及能否缩短设计周期，与设计准备阶段时间目标的实现关系极大。设计准备阶段的工作步骤如下：

第一，确定规划设计条件。

第二，提供设计基础资料。

第三，选定设计单位，商议签订设计合同。

（二）初步设计阶段的目标

初步设计阶段的工作是根据建设单位提供的设计基础资料进行的。初步设计和总概算经批准后，便可作为确定建设项目投资额、编制固定资产投资计划、签订总包合同及贷款合同、实行投资包干、控制建筑工程拨款、组织主要设备订货、进行施工准备及编制技术设计（或施工图设计）文件等的主要依据。

（三）技术设计阶段的目标

技术设计是根据初步设计文件进行编制的，技术设计和修正总概算经批准后，便成为建筑工程拨款和编制施工图设计文件的依据。为了确保工程施工进度总目标的实现，保证工程设计质量，应根据建筑工程的具体情况，确定合理的初步设计和技术设计周期。该时间目标中，除要考虑设计工作本身及进行设计分析和评审所花的时间外，还应考虑设计文件的报批时间。

（四）施工图设计阶段的目标

施工图设计主要是根据批准的初步设计文件（或技术设计文件）和主要设备订货情况进行编制的，它是工程施工的主要依据。

三、建筑工程设计阶段影响进度控制的因素

建筑工程设计工作属于多专业协作配合的智力劳动，在工程设计过程中，影响其进度的因素有很多，归纳起来，主要有以下几个方面：

（一）建设意图及要求的改变

建筑工程设计是本着业主的建设意图和要求而进行的，所有的工程设计必然是业主意图的体现。因此，在设计过程中，如果业主改变其建设意图和要求，就会引起设计单位的设计变更，这必然会对设计进度造成影响。

（二）设计审批时间

建筑工程设计是分阶段进行的，如果前一阶段（如初步设计）的设计文件不能顺利得到批准，必然会影响到下一阶段（如施工图设计）的设计进度。因此，设计审批时间的长短，在一定程度上也会影响设计进度。

（三）设计各专业之间的协调配合

如前所述，建筑工程设计是一个多专业、多方面协调合作的复杂过程，如果业主、设计单位、监理单位之间，以及土建、电气、暖通等各专业之间没有良好的协作关系，

必然会影响建筑工程设计工作的顺利进行。

（四）工程变更

当建筑工程采用快速路径施工管理方法进行分段设计、分段施工时，如果在已施工的部分发现一些问题而必须进行工程变更，那么就会影响设计工作的进度。

（五）材料代用、设备选用失误

材料代用、设备选用的失误将会导致原有工程设计失效，从而必须重新进行设计，这也会影响设计工作的进度。

四、建筑工程设计阶段进度控制的内容

（一）设计单位的进度控制

为了履行设计合同，按期提交施工图设计文件，设计单位应采取有效措施，控制建筑工程设计进度。主要措施如下：

第一，建立计划部门，负责设计单位年度计划的编制和工程项目设计进度计划的编制。

第二，建立健全设计技术经济定额，并按定额要求进行计划的编制与考核。

第三，实行设计工作技术经济责任制，将职工的经济利益与其完成任务的数量和质量挂钩。

第四，编制切实可行的设计总进度计划、阶段性设计进度计划和设计进度作业计划。在编制计划时，加强与业主、监理单位、科研单位及承包商的协作与配合，使设计进度计划合理、可靠。

第五，认真实施设计进度计划，力争设计工作有节奏、有秩序地进行。在执行计划时，要定期检查计划的执行情况，并及时调整设计进度，使设计工作始终处于可控状态。

第六，坚持按基本建设程序办事，尽量避免"边设计、边准备、边施工"的"三边"设计。

第七，不断分析和总结设计阶段进度控制工作经验，逐步提高设计阶段进度控

制工作水平。

（二）监理单位的进度监控

当监理单位受业主的委托进行工程设计监理时，应确定项目监理班子中专门负责设计进度控制的人员，命其按合同要求对设计工作进度进行严格监控。对于设计进度的监控应进行动态控制。在设计工作开始之前，首先应由监理工程师审查设计单位编制的进度计划的合理性和可行性。在进度计划实施过程中，监理工程师应定期检查设计工作的实际完成情况，并与计划进度进行比较、分析。一旦发现偏差，就应在分析原因的基础上提出纠偏措施，以保证设计工作准确、合理。必要时，应对原进度计划进行调整或修订。在设计阶段的进度控制中，监理工程师要对设计单位填写的设计图纸进度表进行核查分析，并提出自己的见解，从而将各设计阶段每一张图纸（包括其相应的设计文件）的设计进度都纳入监控中。

第三节　建筑工程施工阶段的进度控制

施工阶段是建筑工程实体形成的阶段，对其进度实施控制是建筑工程进度控制的重点。做好施工进度计划与项目建设总进度的衔接，并跟踪检查施工进度计划的执行情况，在必要时对施工进度计划进行调整，这对于建筑工程进度控制总目标的实现具有十分重要的意义。

一、建筑工程施工阶段进度控制的目标、流程及内容

（一）建筑工程施工阶段进度控制的目标

按施工合同规定的施工工期进行施工，是建筑工程施工阶段进度控制的最终目标。为了完成施工工期总目标，可以采用目标分解法，将施工阶段总工期目标分解为不同形

式的分目标，这些目标构成了工程施工阶段进度控制的目标体系。

1.按建设项目组成

按建设项目组成可分为各单项工程的工期目标、各单位工程的工期目标及各分部分项工程的工期目标，并以此编制工程建设项目施工阶段的总进度计划、单项工程施工进度计划、单位工程施工进度计划和各分部分项工程施工的作业计划。

2.按工程项目施工承包方

按工程项目施工承包方可分为总包方的施工工期目标、各分包方的施工工期目标，并以此编制工程项目总包方的施工总进度计划和各分包方的项目施工进度计划。

3.按工程施工阶段

按工程施工阶段可分为基础工程施工进度目标、结构工程施工进度目标、砌筑工程施工进度目标、屋面工程施工进度目标、楼地面工程施工进度目标、装饰工程施工进度目标及其他工程施工进度目标，并以此分别编制各施工阶段的施工进度计划。

4.按计划期

按计划期可分为年度施工进度目标、季度施工进度目标、月度施工进度目标，并以此编制工程项目施工年度进度计划、工程项目施工季度进度计划、工程项目施工月度进度计划。

另外，确定施工阶段进度控制目标时应注意以下事项：

第一，对大型工程施工项目，要保证提前启动项目，尽早完成，以尽快实现工程的效益。

第二，合理安排土建工程与安装工程施工，以保证工程项目配套完成。

第三，结合工程项目的特点及施工难度，采取适当的措施，保证重点项目施工进度目标的实现。

第四，结合资金供应计划、原材料及设备供应计划，协调施工项目的目标工期。

第五，施工外部条件与施工进度目标要协调。

（二）建筑工程施工阶段进度控制的流程

第一，项目经理部根据施工合同的要求确定施工进度目标，明确计划开工日期、计划总工期和计划竣工日期，确定项目分期、分批的开工和竣工日期。

第二，编制施工进度计划，具体安排实现计划目标的工序关系、组织关系、搭接关系、起止时间、劳动力计划、材料计划、机械计划及其他保证性计划。分包人负责根据项目施工进度计划编制分包工程施工进度计划。

第三，承包单位向监理工程师提出开工申请报告，按监理工程师确定的日期开工。

第四，实施施工进度计划。项目经理部应通过施工部署、组织协调、生产调度和指挥、改善施工程序和方法等，应用技术、经济和管理手段对建筑工程项目进行有效的进度控制。项目经理部首先要建立进度实施、控制的科学组织系统和制定严密的工作制度，然后依据施工项目进度控制目标体系，对施工的全过程进行系统控制。在正常情况下，进度控制系统应发挥监测、分析作用并循环运行，即随着施工活动的进行，进度控制系统会不断地将施工实际进度信息按信息流动程序反馈给进度控制者，进度控制者经过统计整理、比较分析，确认进度无偏差，继续运行系统；一旦发现实际进度与计划进度有偏差，系统将发挥调控职能，分析偏差产生的原因，以及对后续施工和总工期的影响。必要时，可对原进度计划作出相应的调整，提出纠正偏差的方案和方案实施的技术、经济、合同保证措施，以及取得相关单位支持与配合的协调措施，确认切实可行后，将调整后的新进度计划输入进度控制系统，施工活动继续在新的控制系统下进行。当新的偏差出现后，再重复上述过程，直到项目施工全部完成。进度控制系统也可以处理由于合同变更而需要进行的进度调整。

第五，任务全部完成后，进行进度控制总结并编写进度控制报告。

（三）建筑工程施工阶段进度控制的内容

建筑工程施工阶段进度控制的内容主要是编制施工进度控制工作细则。施工进度控制工作细则是在建筑工程监理规划的指导下，由项目监理班子中进度控制部门的监理工程师负责编制的更具有实施性和操作性的监理业务文件。其主要内容如下：

第一，施工进度控制目标分解图。

第二，施工进度控制的主要工作内容和深度。

第三，进度控制人员的职责分工。

第四，与进度控制有关的各项工作的时间安排及工作流程。

第五，进度控制的方法，包括进度检查周期、数据采集方式、进度报表格式、统计分析方法等。

第六，进度控制的具体措施，包括组织措施、技术措施、经济措施及合同措施等。

第七，施工进度控制目标实现的风险分析。

第八，尚待解决的有关问题。

二、建筑工程施工阶段影响进度的因素

（一）工程施工相关单位的影响

影响工程施工进度的单位有业主，承包方，监理单位，材料设备供应商，资金供应单位，运输单位，供水、供电、供气单位，以及政府建设主管部门等，这些单位对工程施工进度都将产生直接或间接的影响。

（二）物资供应对进度的影响

在施工过程中，所需要的各种材料、设备的供货时间和供货质量对工程施工进度也会产生影响。

（三）建设资金对进度的影响

建设资金是保障工程进度的重要条件，资金的拨款和贷款的进度是保障工程施工进度的重要环节。业主必须严格按照施工进度按时供应建设资金，确保施工进度计划的实施。

（四）施工条件对进度的影响

施工条件对施工进度也会产生重要的影响。为了保证施工进度计划的完成，建设各方都应当严格控制施工条件。

（五）其他

第一，严格控制施工过程中各种风险因素的发生，并采取相应措施防止风险因素对施工进度的影响或尽量减少因风险造成的损失。

第二，提高参与工程施工各方的计划管理水平，各方在计划实施过程中应当相互配合，确保计划目标的实现。

三、建筑工程施工阶段的施工进度计划

（一）施工进度计划的编制

1.项目施工总进度计划的编制

建筑工程项目施工总进度计划编制的依据是施工总体方案、资源供应条件、各类定额资料、合同文件、工程施工总进度计划、施工地区自然条件及有关技术经济资料等。施工总进度计划的编制步骤如下：

（1）计算工程量

计算工程量的主要依据有：投资工程量、劳动量及材料消耗扩大指标，概算指标和结构扩大定额，已建成建筑物的资料。计算出的工程量应当列入工程量计算表中。

（2）确定各单位工程的施工期限

各单位工程施工期限应当根据施工合同工期、建筑类型、结构特征、施工方法、施工管理水平、施工机械化程度及施工现场条件，参照类似单位工程施工工期和定额工期来确定。

（3）确定各单位工程开工、竣工时间和相互搭接关系

确定各单位工程开工、竣工时间和相互搭接关系时应当注意下列问题：同一时期安排的工程不宜过多，避免人力、物力过于分散；尽量做到均衡施工，避免资源过度消耗；尽量提前建设可供施工期间使用的永久工程，减少临时设施费用；关键工程应当先施工，确保目标工期的实现；施工顺序安排应与项目投产的先后次序一致，以保证工程配套设施提前投入使用；注意施工季节对施工顺序的影响，避免工期延误；适当安排一些辅助性项目，以协调施工进度；合理安排主要工程和施工机械，尽量保证连续施工。

（4）编制初步施工总进度计划

编制初步施工总进度计划时应当充分考虑施工流水作业。初步施工总进度计划可以用横道图和网络图表示。

（5）编制正式的施工总进度计划

对初步施工总进度计划进行优化，并进行适当调整，获得正式的施工总进度计划。将正式的施工总进度计划作为编制劳动力、物资、资金等建设资源的供应计划和使用计划的依据。

2.单位工程施工进度计划的编制

单位工程施工进度计划是在既定施工方案的基础上,根据规定的工期和各种资源供应条件,对单位工程中的各分部分项工程的施工顺序、施工起止时间及衔接关系进行合理安排的计划。其编制程序和方法如下:

(1)划分工作项目

工作项目是包括一定工作内容的施工过程,它是施工进度计划的基本组成单元。工作项目内容的多少,划分的粗细程度,应该由实际工程的需要来决定。

(2)确定施工顺序

确定施工顺序是为了按照施工的技术规律和合理的组织关系,解决各工作项目之间在时间上的先后和搭接问题,以达到保证质量、安全施工、充分利用空间、争取时间、实现合理安排工期的目的。

一般来说,施工顺序受施工工艺和施工组织两方面的制约。当施工方案确定之后,工作项目之间的工艺关系也就随之确定。如果违背这种关系,就不可能顺利施工,还可能导致工程质量事故和安全事故,造成资源浪费。工程项目之间的组织关系是在组织和安排劳动力、施工机械、材料和构配件等资源时形成的。它不是由工程本身决定的,而是一种人为的关系。组织方式不同,组织关系也就不同。不同的组织关系会产生不同的经济效果,应积极调整组织关系,并使工艺关系和组织关系有机地结合起来,在工程项目之间形成合理的顺序关系。

(3)计算工程量

工程量的计算应根据施工图和工程量计算规则,针对所划分的每一个工程项目进行。当编制施工进度计划已有预算文件,且工程项目的划分与施工进度计划一致时,可以直接套用施工预算的工程量,不必重新计算。若某些项目有出入,但出入不大,则应结合工程的实际情况进行调整。

(4)绘制施工进度计划图

施工进度计划图有横道图和网络图两种。横道图比较简单,而且非常直观,多年来被人们广泛地用于表示施工进度计划,并以此作为控制工程进度的主要依据。但是,采用横道图控制工程进度具有一定的局限性。随着互联网技术的发展,通过网络绘制施工进度计划图日益受到人们的青睐,其中最具有代表性的是建筑信息模型。

(5)施工进度计划的检查与调整

当施工进度计划初始方案编制好后,需要对其进行检查与调整,以便使进度计划更加合理。

施工进度计划检查的主要内容如下：

第一，各工程项目的施工顺序、平行搭接是否合理。

第二，总工期是否符合合同规定。

第三，主要工种的工人是否能满足连续、均衡施工的要求。

第四，主要机具、材料等的利用是否均衡和充分。

（二）施工进度的动态检查

在施工进度计划的实施过程中，受各种因素的影响，原始计划常常会被打乱，进而出现进度偏差。因此，监理工程师必须对施工进度计划的执行情况进行动态检查，并分析产生进度偏差的原因，为施工进度计划的调整提供必要的参考。

在建筑工程施工过程中，监理工程师可以通过以下方式获得施工的实际进展情况：

第一，定期地、经常地收集由承包单位提交的有关进度报表资料。工程施工进度报表资料不仅是监理工程师实施进度控制的依据，也是其核对工程进度款的依据。在一般情况下，进度报表格式由监理单位提供给施工承包单位，施工承包单位按时填写完后提交给监理工程师核查。报表的内容根据施工对象及承包方式的不同而有所区别，但一般应包括工作的开始时间、完成时间、持续时间、逻辑关系、实物工程量和工作量，以及工作时差的利用情况等。承包单位若能准确地填报进度报表，监理工程师就能从中了解建筑工程的实际进展情况。

第二，由驻地监理人员现场跟踪检查建筑工程的实际进展情况。为了避免施工承包单位超报已完成工程量，驻地监理人员有必要进行现场实地检查和监督。至于每隔多长时间检查一次，应视建筑工程的类型、规模、监理范围及施工现场的条件等多个方面的因素而定。可以每月或每半月检查一次，也可以每旬或每周检查一次。如果在某一施工阶段出现不利情况，就需要每天检查。

除上述两种方式外，由监理工程师定期组织现场施工负责人召开现场会议，也是获得建筑工程实际进展情况的一种方式，通过这种面对面的交谈，监理工程师可以从中了解施工过程中的潜在问题，以便及时采取相应的措施。

施工进度检查的主要方法是对比法，即将经过整理的实际进度数据与计划进度数据进行比较，从中发现是否出现进度偏差以及进度偏差的大小。检查分析后，如果进度偏差比较小，应在分析其产生原因的基础上采取有效措施，解决问题，排除障碍，继续执行原进度计划。如果经过努力，确实不能按原计划进行施工时，再考虑对原计划进行必要的调整，即适当延长工期，或改变施工速度。计划的调整一般是不可避免的，但应当慎重，尽量减少计划的调整。

（三）施工进度计划的调整

通过检查分析，如果发现原有进度计划已不能适应实际情况，为了确保进度控制目标的实现或需要确定新的计划目标，就必须对原有进度计划进行调整，以形成新的进度计划，作为进度控制的新依据。施工进度计划的调整方法主要有两种：一是通过压缩关键工作的持续时间来缩短工期；二是通过组织搭接作业或平行作业来缩短工期。在实际工作中应根据具体情况选用上述方法进行进度计划的调整。在压缩关键工作的持续时间时，通常需要采取一定的措施来达到目的。具体措施包括以下几种：

1.组织措施

第一，增加工作面，组织更多的施工队伍。

第二，增加每天的施工时间（如采用三班制等）。

第三，增加劳动力和施工机械的数量。

2.技术措施

第一，改进施工工艺和施工技术，缩短工艺技术间歇时间。

第二，采用更先进的施工方法，以减少现场施工的工作量（如将现浇框架方案改为预制装配方案）。

第三，采用更先进的施工机械。

3.经济措施

第一，实行包干奖励。

第二，提高奖金数额。

第三，对所采取的技术措施给予相应的经济补偿。

4.其他配套措施

第一，改善外部配合条件。

第二，改善劳动条件。

第三，实施强有力的调度等。

一般来说，不管采取哪种措施，都会增加费用。因此，在调整施工进度计划时，应利用费用优化的原理选择费用增加量最少的关键工作作为压缩对象。

组织搭接作业或平行作业来缩短工期，这种方法的特点是不改变工作的持续时间，而只改变工作的开始时间和完成时间。

四、建筑工程施工阶段的工程延误

发生工程延误事件，不仅影响工程的进展，还会给业主带来损失，因此，监理工程师应做好相应的工作，减少或避免工程延误事件的发生。

在工程施工过程中，工程延误有两种情况：工程延期和工期延误。两者都是使工期拖延，但性质不同，承发包各方的责任不同，处理方式也有所不同。

（一）工程延期

1.工程延期的条件

以下原因造成的工期拖延，承包人有权提出延长工期的申请，监理工程师应按合同的规定批准工期延长时间：

第一，监理工程师发出的工程变更指令导致工程量增加。

第二，合同中涉及的任何有可能造成工程延期的原因。

第三，不可预见的因素干扰。

第四，除承包方以外的原因引起的工程延期。

2.工程延期的审批程序

工程延期的审批程序如下：工程延期事件的发生→承包人提出意向通知→监理工程师核实→承包人提出详情报告→作出临时延期的决定→承包人最终提出工程延期申请报告→监理工程师审查批准工程延期。

3.工程延期的审批原则

监理工程师在审批工程延期时应当坚持的审批原则是：坚持合同有关工程延期规定的条件；只有当延期的事件发生在关键线路上的关键工作，才批准工程延期；已批准的工程延期必须符合实际情况。

4.工程延期的控制

监理工程师应当严格控制工程延期事件的发生，以减少业主的损失。控制的方法是：合理选择开工指令发出的时机；协助业主履行合同规定的职责；妥善处理工程延期事件。

（二）工期延误

工期延误由承包人造成的，监理工程师必须严格控制工期延误。对工期延误常用的制约方式有：停止付款；追究工期延误的误期损失；终止对承包方的雇用，并追究承包人给业主造成的经济损失。

当承包单位提出的工程延期要求符合施工合同文件的规定条件时，项目监理机构应予以受理。

当影响工期的事件具有持续性时，项目监理机构可以在收到承包单位提交的阶段性工程延期申请表并经过审查后，先由总监理工程师签署工程临时延期审批表并通报建设单位。当承包单位提交最终的工程延期申请表后，项目监理机构应复查工程延期及临时延期情况，并由总监理工程师签署工程最终延期审批表。

项目监理机构在作出临时工程延期批准或最终的工程延期批准之前，均应与建设单位和承包单位进行协商。

项目监理机构在审查工程延期条件时，应根据下列情况确定批准工程延期的时间：

第一，施工合同中有关工程延期的约定。

第二，工期拖延和影响工期事件的事实和程度。

第三，影响工期事件对工期影响的量化程度。

第四，工程延期造成的损失，承包单位提出费用索赔时，项目监理机构应按规定处理。

当承包单位未能按照施工合同要求的工期竣工交付造成工期延误时，项目监理机构应按施工合同规定，从承包单位应得款项中扣除误期损害赔偿费。

五、建筑工程施工阶段的物资供应进度控制

（一）物资供应进度控制的定义

工程施工物资供应进度控制是指在一定的资源（人力、物力和财力）条件下，为实

现工程项目一次性特定目标，对物资需求进行计划、组织、采购、供应、协调和控制的行为的总称。根据工程项目的特点和施工进度要求，对物资供应进度进行控制时应注意以下三个方面的问题：

第一，由于工程项目具有特殊性、复杂性，因此物资供应也存在一定的风险。这就要求施工方编制物资供应计划，并采用科学管理方法来合理组织物资供应。

第二，在组织物资供应时，除应满足工程施工进度要求外，还要妥善处理好物资质量、供应进度和价格三者之间的关系，确保工程施工总目标的实现。

第三，工程施工所需的材料和设备品种多样，生产厂家生产能力不同，供应与使用时间不同，使得物资管理工作难度增大。因此，在签订物资供货或采购合同时应当充分考虑工程施工进度和工程对物资的质量要求，并应当加强与供货各方的联系。

（二）物资供应进度控制的内容

1.编制物资供应计划

物资供应计划是反映物资需要与供应平衡的计划。它的编制依据是需求计划、储备计划和货源资料等。它的作用是组织指导物资供应工作。物资供应计划的编制，是在确定计划需求量的基础上，经过综合平衡后，提出申请量和采购量。因此，供应计划的编制过程也是一个平衡过程，包括数量、时间的平衡。在实际施工中，首先考虑的是数量的平衡，因为计划期的需求量还不是申请量或采购量，也不是实际需求量，在计算时还必须扣除库存量。因此，供应计划的数量平衡关系是：期内需用量减去期初库存量，再加上期末储备量。经过上述平衡，如果出现正值，说明物资不足，需要补充；如果出现负值，说明物资多余，可供外调。

建筑工程物资供应计划是对建筑工程施工及安装所需物资的预测和安排，是指导和组织建筑工程物资采购、加工、储备、供货和使用的依据。其根本作用是保障建筑工程的物资需要，保证建筑工程按施工进度计划组织施工。

编制物资供应计划一般分为准备阶段和编制阶段。准备阶段主要是调查研究，收集有关资料，进行需求预测和购买决策。编制阶段主要是核算需要、确定储备、优化平衡、审查评价和交付执行。

在编制物资供应计划的准备阶段，监理工程师必须明确物资的供应方式。按供应单位划分，物资供应可分为建设单位采购供应、专门物资采购部门供应、施工单位自行采购或共同协作分头采购供应。

通常，监理工程师除编制建设单位负责供应的物资计划外，还需对施工单位和专门物资采购供应部门提交的物资供应计划进行审核。因此，负责物资供应的监理人员应具有编制物资供应计划的能力。

2.编制物资需求计划

物资需求计划是指反映完成建筑工程所需物资情况的计划。它的编制依据主要有：施工图纸、预算文件、工程合同、项目总进度计划和各分包单位提交的材料需求计划等。

物资需求计划的主要作用是确认需求，施工过程中涉及的大量建筑材料、制品、机具和设备，都需要确定其品种、型号、规格、数量和使用时间。它能为组织备料、确定仓库与堆场面积、组织运输等提供依据。

物资需求计划一般包括一次性需求计划和各计划期需求计划。编制需求计划的关键是确定需求量。下面分别介绍建筑工程需求量的确定方法：

（1）建筑工程物资一次性需求量的确定

建筑工程物资一次性需求量是整个工程项目及各分部分项工程材料的需求量。其计算过程可分为以下三步：

第一，根据设计文件、施工方案和技术措施计算或直接套用施工预算中建筑工程各分部分项工程物资的需求量。

第二，根据各分部分项工程的施工方法套取相应的材料消耗定额，求得各分部分项工程各种材料的需求量。

第三，汇总各分部分项工程的材料需求量，求得整个建筑工程各种材料的总需求量。

（2）建筑工程各计划期需求量的确定

计划期物资需求量一般是指年、季、月度物资需求计划，主要用于组织物资采购、订货和供应。主要依据已分解的各年度施工进度计划，按季、月作业计划确定相应时段的需求量。其编制方式有两种，即计算法和卡段法。计算法是根据计划期施工进度计划中的各分部分项工程量，套取相应的物资消耗定额，求得各分部分项工程的物资需求量，然后再汇总，求得计划期各种物资的总需求量；卡段法是根据计划期施工的具体部位，从工程项目一次性计划中摘出与施工计划相应部位的需求量，然后汇总，求出计划期各种物资的总需求量。

3.编制物资储备计划

物资储备计划是用来反映在建筑工程施工过程中所需各类材料储备时间及储备量

的计划。它的编制依据是物资需求计划、储备定额、储备方式、供应方式和场地条件等。它的作用是为保证施工所需材料的连续供应而确定的材料合理储备。

4.编制申请、订货计划

申请、订货计划是指向上级要求分配材料的计划和分配指标下达后组织订货的计划。它的编制依据是有关材料供应的政策法令、预测任务、概算定额、分配指标、材料规格比例和供应计划。它的主要作用是根据需求组织订货。物资供应计划确定后，即可以确定主要物资的申请计划。订货计划通常以卡片的形式呈现，以便清楚地反映不同物资的属性（如规格、质量、主要材料）和交货条件。

5.编制采购、加工计划

采购、加工计划是指向市场采购或专门加工订货的计划。它的编制依据是需求计划、市场供应信息及物资地区分布。它的作用是组织和指导采购与加工工作。加工、订货计划要附上加工详图。

6.编制国外进口物资计划

国外进口物资计划的编制依据是设计的选用进口材料所依据的产品目录、样本。它的主要作用是组织进口材料和设备的供应工作。首先应编制国外材料、设备、检验仪器、工具等的购置计划，然后再编制国外引进主要设备到货计划。在国际招标采购的机电设备合同中，买方（业主）都要求供方按规定逐月递交一份进度报告，说明所有设计、制造、交付等工作的进度情况。

第六章　建筑工程安全管理

第一节　建筑工程安全管理概述

一、建筑工程安全管理的概念

安全涉及的范围较广，从军事战略到国家安全，到社会公众安全，再到交通安全等，都属于安全的范畴。安全既包括有形实体安全，如国家安全、社会公众安全、人身安全等，也包括虚拟形态安全，如网络安全等。顾名思义，安全就是"无危则安，无缺则全"。安全意味着不危险，这是人们长期以来在生产中总结出来的一种传统认识。安全工程理论的相关观点认为，安全是指在生产过程中免遭不可承受的危险、伤害。这包括两个方面的含义：一是预知危险，二是消除危险。两者缺一不可。安全是与危险相对应的，是人们对生产、生活中免受人身伤害的综合认识。

管理是指在某个组织中的管理者为了实现组织既定目标而进行的计划、组织、指挥、协调和控制等活动。安全管理可以定义为管理者为实现安全生产目标对生产活动进行的计划、组织、指挥、协调和控制等一系列活动，以此来保证员工在生产过程中的安全。其主要任务是：加强劳动保护工作，改善劳动条件，加强安全作业管理，搞好安全生产，保障职工的生命安全。

安全生产是指在劳动过程中，努力改善劳动条件，克服不安全因素，防止伤亡事故的发生，使劳动生产在保证劳动者安全健康和国家财产以及人民生命财产安全的前提下顺利进行。安全生产一直以来都是建筑工程施工的重要国策。安全与生产的关系可用"生产必须安全，安全促进生产"这句话来概括。二者是一个有机的整体，不能分割，更不能对立。对国家来说，安全生产关系到国家的稳定、国民经济健康持续发展以及构建和谐社会目标的实现。对社会来说，安全生产是社会进步与文明的标志。一个伤亡事故频发的社会不能称为文明的社会。社会的稳定需要人民安居乐业、身心健康。对企业来说，安全生产是企业获得效益的前提，一旦发生安全生产事故，将会造成企业有形和无形的经济损失，甚至会给企业造成致命的打击。对家庭来说，一次伤亡事故可能导致一个家庭支离破碎。这种打击往往会给家庭成员带来经济、心理、生理等多方面创伤。对个人来说，最宝贵的便是生命和健康，而安全生产事故会使二者受到严重的威胁。由此可见，安全生产的意义重大。"安全第一，预防为主"已成为国家安全生产管理的基本方针。

所谓建筑工程安全管理，是指以国家的法律、法规、技术标准和施工企业的标准及制度为依据，采取各种手段，对建筑工程生产的安全状况实施有效制约的一切活动，是管理者对安全生产进行建章立制，进行计划、组织、指挥、协调和控制的一系列活动，是建筑工程管理的一个重要部分。建筑工程安全管理的目的是保证职工在生产过程中的安全与健康，保障职工的人身、财产安全。

建筑工程安全管理包括宏观安全管理和微观安全管理两个方面：

宏观安全管理主要是指国家安全生产管理机构以及建设行政主管部门从组织、法律、法规、执法监察等方面对建筑工程的安全生产进行管理。它是一种间接的管理，同时也是微观管理的行动指南。实施宏观安全管理的主体是各级政府机构。

微观安全管理主要是指直接参与对建设项目的安全管理，包括建筑企业、业主或业主委托的监理机构、中介组织等对建筑项目安全生产的计划、组织、实施、控制、协调、监督和管理。微观安全管理是直接的、具体的，它是安全管理思想、安全管理法律、法规以及标准指南的体现。实施微观安全管理的主体主要是施工企业及其他相关企业。宏观和微观的建筑安全管理对建筑工程安全生产来说都是必不可少的，它们是相辅相成的。想要保护建筑业从业人员的安全，保证生产的正常进行，就必须加强安全管理，消除各种危险因素。只有抓好安全生产才能提高生产经营单位的经济效益。

建筑工程安全管理对国家发展、社会稳定、企业盈利、人民安居有着重大意义，是工程项目管理的内容之一。质量、成本、工期、安全是建筑工程项目管理的四大控制目标。项目管理总目标包括质量目标、进度目标、成本目标和安全目标，其中安全目标最为重要，原因如下：

第一，安全是质量的基础。只有良好的安全措施作为保证，作业人员才能较好地发挥技术水平，质量也就有了保障。

第二，安全是进度的前提。只有在安全工作完全落实的条件下，建筑企业在缩短工期时才不会出现严重的安全事故。

第三，安全是成本的保证。安全事故的发生必定会给建筑企业和业主带来巨大的经济损失，工程施工也无法顺利进行。

这四个目标互相作用，形成一个有机的整体，共同推动项目的实施。只有四大目标统一，项目管理的总目标才能实现。

二、建筑工程安全管理的特征

（一）流动性

建筑产品依附于土地而存在，在同一个地方只能修建一个建筑物，建筑企业需要不断地从一个地方转移到另一个地方进行建筑产品生产。而建筑安全管理的对象是建筑企业和工程项目，其也必然要不断地随着企业的转移而转移。建筑工程安全管理的流动性体现在以下三个方面：

一是施工队伍的流动性。建筑工程项目具有流动性，这决定了建筑工程项目的生产是随着项目的不同而流动的，施工队伍需要不断地从一个地方转移到另一个地方进行施工，流动性大，生产周期长，作业环境复杂，可变因素多。

二是人员的流动性。由于建筑企业超过80%的工人是农民工，人员流动性也较大。大部分农民工没有与企业形成固定的长期合同关系，往往一个项目完工后即意味着原劳务合同的结束，需要与新的项目签订新的合同，这就造成施工作业培训不足，使得违章操作的现象时有发生，也为建筑工程施工埋下了安全隐患。

三是施工过程的流动性。建筑工程从基础、主体到装修各阶段，因分部分项工程工序的不同，施工方法的不同，现场作业环境、状况和不安全因素都在发生变化，作业人员经常更换工作环境，特别是需要采取临时性措施的工作环境，规则意识往往较差。

在实践中，安全教育与培训往往跟不上生产的流动和人员的大量流动，这使得安全隐患大量存在，安全形势不容乐观。

（二）动态性

在传统的建筑工程安全管理中，人们希望将计划做得很精细，但是从项目环境和项目资源的限制上看，过于精细的计划，往往会使其失去指导性，与现实产生冲突，造成实施中的管理混乱。

建筑工程的流水作业环境使得安全管理更富于变化。与其他行业不同，建筑业的工作场所和工作内容都是动态的、变化的。建筑工程安全生产的不确定因素较多，为适应施工现场环境变化，安全管理人员必须具有不断学习、开拓创新、系统而持续地整合内外资源以应对环境变化和安全隐患挑战的能力。因此，现代建筑工程安全管理更强调灵活性和有效性。另外，由于建筑市场是不断发展变化的，政府行政管理部门需要针对出现的新情况、新问题作出反应，包括各种新的政策、法规的出台等。

（三）协作性

1.多个建设主体的协作

建筑工程项目的参与主体涉及业主、勘察、设计、施工以及监理等多个单位，它们之间存在着较为复杂的关系，需要通过法律、法规以及合同来进行规范。这使得建筑安全管理的难度增加，管理层次增多，管理关系复杂。如果组织协调不好，极易出现安全问题。

2.多个专业的协作

整个建筑工程项目涉及管理、经济、法律、建筑、结构、电气、排水、暖通等相关专业。各专业的协调组织也对安全管理提出了更高的要求。

3.各级管理部门的协作

各级建设行政管理部门在对建筑企业的安全管理过程中应合理确定权限，避免多头管理情况的发生。

（四）密集性

一是劳动密集。目前，建筑业工业化程度较低，需要大量人力资源的投入，是典型的劳动密集型行业。建筑业集中了大量的农民工，他们中的很多人没有经过专业技能培训，这给安全管理工作提出了挑战。因此，建筑安全生产管理的重点是对人的管理。

二是资金密集。建筑工程的建设需要以大量资金投入为前提，资金投入大决定了项目受制约的因素多，如施工资源的约束、社会经济波动的影响、社会政治的影响等。资金密集性也给安全管理工作带来了较大的不确定性。

（五）稳定性

宏观的安全管理所面对的是整个建筑市场和众多的建筑企业，因此，安全管理必须保持一定的稳定性。需要指出的是，作为经营个体的建筑企业可以在有关法律框架内自行管理，根据项目自身的特征灵活采取合适的安全管理方法和手段，但不得违背国家、行业和地方的相关政策和法规，以及行业的技术标准要求。

以上特点决定了建筑工程安全管理的难度较大，表现为安全生产过程的不可控，安全管理需要从系统的角度整合各方面的资源来有效地控制安全生产事故的发生。因此，对施工现场的人和环境系统的可靠性，必须进行经常性的检查、分析、判断、调整，保持安全管理活动的动态性。

三、建筑工程安全管理的原则

根据现阶段建筑业安全生产现状及特点，要达到安全管理的目标，建筑工程安全管理应遵循以下六个原则：

（一）以人为本原则

建筑安全管理的目标是保护劳动者的安全与健康不因工作受到损害，同时减少因建筑安全事故导致的全社会包括个人、家庭、企业、行业的损失。这个目标充分体现了以人为本的原则，坚持以人为本是建筑工程施工现场安全管理的指导思想。

在生产经营活动中，在处理保证安全与实现施工进度、工程成本及其他各项目标的关系上，要始终把从业人员和其他人员的人身安全放到首位，绝不能冒着生命危险抢工期、抢进度，绝不能依靠减少安全投入达到增加效益、降低成本的目的。

（二）安全第一原则

建筑工程安全管理的方针是"安全第一，预防为主"。"安全第一"就是强调安全，突出安全，把保证安全放在一切工作的首要位置。当生产和安全发生矛盾时，安全是第一位的，各项工作都要遵循安全第一的原则。安全第一原则是从保护生产的角度和高度提出的，肯定安全在生产活动中的位置和重要性。

（三）预防为主原则

进行安全管理不是处理事故，而是针对施工特点在施工活动中对人、物和环境采取管理措施，有效地控制不安全因素的发展与扩大，把可能发生的事故消灭在萌芽状态，以保证生产活动中人的安全、健康。

贯彻预防为主原则应做到以下几点：

一是要加强全员安全教育与培训，让所有员工切实明白"确保他人的安全是我的职责，确保自己的安全是我的义务"，从根本上消除习惯性违章现象，降低发生安全事故的概率。

二是要落实安全技术措施，消除现场的危险源，安全技术措施要有针对性、可行性，并要得到切实的落实。

三是要加强防护用品的采购质量监督和安全检验，确保防护用品的防护效果。

四是要加强现场的日常安全巡查与检查，及时识别现场的危险源，并对危险源进行评价，采取有效措施予以控制。

（四）动态管理原则

安全管理不是少数管理者和安全机构的事，而是一项与建筑生产有关的所有参与人共同参与的工作。安全管理涉及生产活动的方方面面，涉及从开工到竣工交付的全部生产过程，涉及一切变化着的生产因素。当然，这并非否定安全管理第一责任人和安全机构的作用。因此，生产活动中必须坚持"四全"动态管理，即"全员、全过程、全方位、全天候"的动态安全管理。

（五）发展原则

安全管理是针对变化着的建筑生产活动的动态管理，其管理活动是不断发展变化的，以适应不断变化的生产活动，消除新的危险因素。这就需要管理人员不断地摸索安全管理规律，根据安全管理经验总结新的安全管理办法，以指导建筑工程施工，只有这样才能使安全管理工作不断上升到新的高度，提高安全管理水平，实现文明施工。

（六）强制原则

严格遵守现行法律、法规和技术规范是基本要求，同时强制执行和必要的惩罚必不可少。《中华人民共和国建筑法》《中华人民共和国安全生产法》等一系列法律、法规，都在不断强调和规范安全生产，旨在加强政府的监督管理，使在生产过程中各种违法行为的强制制裁有法可依。

例如，项目的安全机构设置、人员配备、安全投入、防护设施用品等都必须采取强制性措施予以落实，对于"三违"（违章指挥、违章操作、违反劳动纪律）现象必须采取强制性措施加以杜绝，一旦出现安全事故，首先追究项目经理的责任。

四、建筑工程安全管理的内容

（一）制定安全政策

企业或者机构要有明确的安全政策，才能成功地进行施工安全管理。安全管理是建筑工程施工的关键内容，施工企业在建筑工程实施阶段要及时制定安全管理政策，维持正常的作业秩序来规范安全管理活动。安全管理人员要收集诸多工程资料，在深入分析建筑工程项目潜在风险后提出有针对性的安全管理方案。

（二）建立健全安全组织机构

企业安全生产的首要任务是建立责任机制，把责任落实到人。可设置安全生产领导小组，组长一般由企业的一把手担任，其他分管领导为各自分管业务的副组长，依次划分责任，分别落实。组长需要对安全生产全面负责，要增强建筑工程相关人员的安全生产意识，引导员工牢固树立"以人为本，安全第一"的安全生产理念。从企业管理层到管理人员，再到一线作业人员，要把安全责任落实到位，营造安全生产氛围。

（三）重视安全教育与安全培训

人是安全生产的主体，任何事都是通过人来实现的。无论是施工机具的操作还是施工现场环境的保护，首先要抓住人这一根本因素，通过灌输安全意识和培训教育等手段，规范员工的安全行为，建立有效的安全生产培训考核制度。企业领导要增强责任意识，开展安全生产，主动承担责任，真正落实"安全第一"的原则。在建筑工程施工过程中，相关人员要根据施工特点，开展安全教育，针对不同类型的工作和不同部位报告不同的危险，以消除隐患，控制不安全行为，减少人为失误。

（四）安全生产管理计划和实施

安全生产管理计划是通过以下四点实现的：建立健全安全生产责任制，保证安全生产设施，开展安全教育培训，安全信息的交流和共享。安全生产管理计划的实施是一项系统工作，需要协调与具体安全建设工作的关系。

（五）安全生产管理业绩考核

安全生产还应建立奖惩机制，旨在激励相关人员坚持安全生产。对于那些提出重要建议以消除隐患和避免重大事故的人，应给予奖励。特别是对于那些认真勤奋，并在施工现场严格履行安全生产监督管理职责的全职和兼职安全人员，必须给予他们必要的奖励，使他们更加积极地履行安全责任。

（六）安全管理业绩总结

施工单位在每年年末要梳理、统计本年度施工过程中的安全工作业绩，并通过科学、系统的方式进行分析，总结优势和不足，为今后的安全管理工作提供参考。

五、建筑工程安全管理的意义

建筑行业作为高风险行业，出现伤亡事故的概率大。当前大规模、高数量、高需求的工程越来越多，工程项目内部结构越来越复杂，现代化机械装备的运用、缩短工期、追求美观效果、赶超施工速度进行效率比拼等，使伤亡事故发生的概率大大提高。虽然建筑工程安全事故的发生与行业特性有关，也有建筑市场不规范等各方面的原因，但是最主要原因应该是施工企业安全责任落实不到位、安全生产管理体系不完善、安全费用投入不足等。

工程施工涉及很多方面，牵扯到众多的相关产业，其安全风险不仅仅针对施工单位，工程中所涉及的各方都面临着各种各样的安全风险。随着建筑工程项目的持续完善、成熟与规模化，安全管理在建筑领域得到了广泛关注。安全风险普遍存在于每一个项目中，作为企业，应该学会如何更好地控制在项目进行的过程中有可能出现的安全风险，避免各种安全事故的发生，保证项目顺利进行，从而达到避免损失的目的。所以，企业应该在日常的企业管理过程中，时刻记得对安全风险加以防范和控制，明确安全管理在项目进行过程中的必要性，降低安全事故发生的概率。安全管理对建筑工程施工企业发展的意义主要有以下几个方面：

（一）企业竞争力的提升与安全管理密切相关

企业的资质与它的声誉在很大程度上决定了这个企业的发展远景，以及它在市场上是否具有一定的竞争力。降低企业安全事故的发生概率，降低企业在项目实施过程中的安全风险，可以为企业带来良好的声誉，使企业保持持久的竞争力，为企业未来的发展奠定良好的基础。

（二）安全管理与控制安全风险息息相关

通过对近年来建筑行业中出现的安全事故进行详细分析与总结，以及根据国家在安全规范方面的相关要求可知，建筑企业应该在相关项目实施前对项目进行安全风险评估，积极地预测、分析在项目实施过程中存在的安全隐患，及早采取预防措施，做好相关预防、预控工作，降低事故的发生概率。企业应该正确认识到控制安全风险的重要性，正确认识到安全风险是由于自身在整个项目执行的过程中存在着难以预见的不确定性造成的。

在建筑行业实施建筑项目的过程中，由于建筑行业本身所具有的高危险性，无法在项目执行过程中完全预见可能出现的安全问题，也无法完全预测安全事故发生的原因、规模以及它所造成的影响。因此，相关企业应该积极建立相关机制，做好对安全风险的控制工作，做好安全事故的预防工作。在项目实施的过程中，要时刻强调安全管理的重要性，逐步形成控制和预防安全风险的意识，进而提高企业的安全管理能力。

（三）建筑企业经济效益与安全管理息息相关

安全事故的发生是无法完全预料的，在事故发生之后造成的影响和损失也是无法估量的。企业可能在经济方面有一定的损失，但在声誉上的损失是很难挽回的。对于无法预见的安全事故，企业应该在内部建立相关的控制安全风险机制，将安全风险控制在一个可控的范围内。降低安全事故的发生概率，提高企业内部的安全管理水平，从而提高建筑企业的经济效益。

第二节　建筑工程安全管理的不安全因素识别

一、建筑行业事故成因分析

（一）思想认识不到位

在建筑行业中，企业重生产、轻安全的思想仍普遍存在。企业作为安全生产的主体，缺乏完善的自我约束机制，在一切以经济效益为中心的生产经营活动中，或多或少地出现了放松安全管理的行为。企业主要侧重于市场开发和投标方面的经营业务，对安全问题不够重视，在安全方面的资金投入明显不足，没有处理好质量、安全、效益、发展之间的关系，没有把安全工作真正摆到首要位置，只顾眼前利益，而忽视了企业的可持续发展要求。

（二）行业的高风险性

建筑业属于事故多发性行业之一，其露天作业、高空作业较多。据统计，一般工程施工中露天作业占整个工程工作量的 70% 以上，高处作业占整个工程工作量的 90% 以上。另外，建筑工程施工环境容易受到地质、气候、卫生及社会环境等因素的影响，具有较强的不确定性。所以，建筑产品的生产和交易方式的特殊性以及政策的敏感性等决定了建筑业是一个高风险行业。

（三）安全管理水平低下

建筑工程安全管理水平低下主要体现在以下几个方面：

第一，企业安全生产责任制未全面落实。大部分企业都制定了安全生产规章制度和责任制度，但部分企业对机构建设、专业人员配备、安全经费投入、职工培训等方面的责任未能真正落实到实际工作中；机构与专职安全管理人员形同虚设，施工现场违章作业、违章指挥的"二违"现象时有发生；企业安全管理粗放，基础安全工作薄弱，涉及安全生产的规定、技术标准和规范没有得到认真执行，安全检查流于形式，事故隐患得不到及时整改，违规处罚不严。

第二，企业安全生产管理模式落后，治标不治本。部分企业没有从"经验型"和"事后型"的管理方法中摆脱出来，"安全第一，预防为主，综合治理"的安全生产方针未得到真正落实，对从根本上、源头上深入研究事故发生的突发性和规律性重视不够，安全管理工作松松紧紧、抓抓停停，难以有效预防各类事故的发生。

第三，安全投入不足，设备老化情况严重。长期以来，建筑企业在安全生产工作中人力、物力、财力的投入严重不足，加之当前建筑市场竞争激烈而又不规范，压价和拖欠工程款的现象屡见不鲜，企业的盈利越来越少，安全生产的投入就更加难以保证。许多使用多年的陈旧设备得不到及时维护、更新、改造，设备带"病"运行的现象频繁出现，不能满足安全生产的要求，这就为建筑安全事故的发生埋下了隐患。

第四，企业内部安全教育培训不到位。建筑业一线作业人员以农民工为主，他们大都没有经过系统的教育培训，其安全意识较淡薄、自我保护能力较差、基本操作技能水平较低。

第五，监理单位未能有效履行安全监理职责。监理单位负有安全生产监理职责，但目前监理单位大多对安全监理的责任认识不足，工作被动，并且监理人员普遍缺乏安全生产知识。主要原因在于监理费中没有包含安全监理费或者收费标准较低，只增加了监理单位的工作量，并未增加相应的报酬；安全监理责任的相关规定可操作性较差；对监理单位和监理人员缺乏必要的制约手段。

（四）政府主管部门监管不到位

第一，政府主管部门在机构设置、工作体制机制建设方面还不能适应当前建筑工程质量安全工作的需要。监督人员素质偏低，在很大程度上制约着安全监督工作的开展和工作水平的提高。

第二，安全事故调查不按规定程序执行，违法违纪行为不能得到及时、严厉的惩处，执法不严现象较为普遍。

第三，部分地区建设主管部门和质量安全监督机构对本地区质量安全管理的薄弱环节和存在的主要问题把握不够，一些地方政府主管部门的质量安全监管责任没有落实，监管力度不够。

第四，建筑安全监督机构缺乏有序协调能力。建筑企业同时面临来自中华人民共和国住房和城乡建设部、中华人民共和国应急管理部、中华人民共和国人力资源和社会保障部、中华人民共和国国家卫生健康委员会和国家消防救援局等各个系统的监督管理，但其中一些部门的职权划分尚不清楚，管理范围交叉重复，难免在实际管理中出现多头管理、政出多门、各行其是的现象，使得政府安全管理整体效能相对较弱，企业无所适从，负担加重。

第五，很多地方领导在思想上出于对地方政绩的考虑，在处理安全事故时"大事化小、小事化了"，对安全事故的管理与记录缺乏权威性和真实性，建筑安全事故瞒报、漏报、不报现象时有发生。

第六，安全检查的方式主要以事先告知型的检查为主，而不是随机抽查或巡查。对查出的隐患和发现的问题缺乏认真、细致的研究分析，缺乏有效的、针对性强的措施与对策，导致安全监管工作实效性差，同类型安全问题大量重复出现。

二、安全事故致因理论

想要对建筑工程安全事故采取最有效的措施，就必须深入了解事故发生的主要原因。建筑安全事故的表现形式是多种多样的，如高处坠落、机械伤害、触电、物体打击等。有些人认为安全事故纯粹是由某些偶然的甚至无法解释的原因造成的，这种认识是有问题的。现在人们对事物的认识已经随着科学技术的进步大大提高，可以说每一起事故的发生，尽管或多或少存在偶然性，但却无一例外都有着各种各样的必然原因，事故的发生有其自身的发展规律和特点。

因此，预防和避免事故的关键，就在于找出事故发生的规律，识别、发现并消除导致事故的必然原因，控制和减少偶然原因，使发生事故的可能性降到最低，保证建设工程系统处于安全状态。事故致因理论是掌握事故发生规律的基础，是对形形色色的事故以及人、物和环境等要素之间的变化进行研究，从中找到防止事故发生的方法和对策的理论。

国内外许多学者对事故发生的规律进行了大量的研究，提出了许多理论，其中比较有代表性的有以下两种：

（一）综合因素论

综合因素论认为，在分析事故原因、研究事故发生机理时，必须充分了解构成事故的基本要素。研究的方法要从导致事故的直接原因入手，找出事故发生的间接原因，并分清这些原因的主次地位。

直接原因是最接近事故发生的时刻、直接导致事故发生的原因，包括不安全状态（条件）和不安全行为（动作）。这些物质的、环境的以及人为的原因构成了生产中的危险因素（或称为事故隐患）。所谓间接原因，是指管理缺陷、管理因素和管理责任，它使直接原因得以产生和存在。造成间接原因的因素称为基础原因，包括经济、文化、学校教育、民族习惯、社会历史、法律等因素。

管理缺陷与不安全状态的结合，就构成了事故隐患。当事故隐患形成并偶然被人的不安全行为触发时，就必然会发生事故。通过对大量事故的剖析，可以发现事故发生的一些规律。据此可以得出综合因素论，即在生产作业过程中，由社会因素产生的管理缺陷，会导致物的不安全状态或人的不安全行为，进而造成伤亡和损失。调查、分析事故的过程正好相反，通过事故现象查询事故经过，进而了解物和人等直接造成事故的原因，依此追查管理责任（间接原因）和社会因素（基础原因）。

很显然，这个理论综合地考虑了各种事故现象和因素，因而比较可靠，有利于各种事故的分析、预防和处理，是当今世界上最为流行的理论。

（二）事故因果连锁论

美国著名安全工程师海因里希首先提出了事故因果连锁论，用以阐明导致伤亡事故的各种因素与结果之间的关系。该理论认为，伤亡事故不是一个孤立的事件，尽管伤害可能在某个瞬间发生，但它是一系列原因事件相继发生的结果。

海因里希最初提出的事故因果连锁过程包括以下几个因素：

第一，人的不安全行为或物的不安全状态。所谓人的不安全行为或物的不安全状态是指那些曾经引起过事故或可能引起事故的行为，或机械、物质的状态，它们是造成事故的直接原因。例如，在起重机的吊物下停留，不发信号就启动机器，工作时间打闹或拆除安全防护装置等，都属于人的不安全行为；没有防护的传动齿轮，裸露的带电体或照明不良等，都属于物的不安全状态。

第二，遗传因素及社会环境。遗传因素及社会环境是造成人的性格缺陷的主要原因。遗传因素可能造成鲁莽、固执等不良性格；社会环境可能助长性格上的缺陷。

第三，事故是由于物体、物质、人或放射线的作用或反作用，使人员受到伤害或可能受到伤害的、出乎意外的、失去控制的事件。

第四，人的缺点。人的缺点是使人产生不安全行为或造成机械、物质不安全状态的原因，包括鲁莽、固执、过激、神经质、轻率等先天的性格缺点以及缺乏安全生产知识和技能等后天的缺点。

第五，由于事故造成的人身伤害。人们用多米诺骨牌效应来形象地描述这种事故因果连锁关系。在多米诺骨牌效应中，一张骨牌被碰倒了，将发生连锁反应，其余的几张骨牌会相继被碰倒。如果移去其中的一张骨牌，则连锁被破坏，事故过程终止。海因里希认为，企业事故预防工作的中心就是防止人的不安全行为，消除机械或物质的不安全状态，即抽取第三张骨牌就有可能避免第四张、第五张骨牌的倒下，中断事故连锁的进程，从而避免事故的发生。

这一理论从产生开始就被广泛地应用于安全生产工作中，被奉为安全生产的经典理论，对后来的安全生产产生了深远的影响。

三、不安全因素

由于事故与原因之间的关系是复杂的，不安全因素的表现形式也是多种多样的，因此，根据前述安全事故致因理论以及对安全事故发生的主要原因进行分析，可以归纳出不安全因素主要包括人、物、环境和管理四个方面。

（一）人的因素

这里所说的人，包括操作人员、管理人员、事故现场的在场人员和其他人员等。人的因素是指由人的不安全行为或失误导致生产过程中发生的各类安全事故，是事故产生的直接因素。各种安全生产事故，其原因不管是直接的还是间接的，都可以说是由人的不安全行为或失误引起的。

人的因素主要体现在人的不安全行为和人的失误两个方面。

人的不安全行为是由人的违章指挥、违规操作等引起的不安全因素，如进入施工现场没有佩戴安全帽，必须使用防护用品时未使用，需要持证上岗的岗位由无证人员替代，未按技术标准操作机械，物体的摆放不安全，冒险进入危险场所，在起吊物下停留作业，机器运转时加油或进行修理作业，工作时说笑、打闹，带电作业等。

人的失误是人的行为结果偏离了预期的标准。人的失误有两种类型，即随机失误和系统失误。随机失误是由人的行为、动作的随机性引起的，与人的心理、生理原因有关，它往往不可预测，也不会重复出现。系统失误是由系统设计不足或人的不正常状态引发的，与工作条件有关，类似的条件可能导致失误重复发生。造成人失误的原因是多方面的，在施工过程中常见的失误原因包括以下几个方面：

第一，感知过程与人为失误。施工人员的失误涉及感知错误、判断错误、动作错误等，这是造成建筑安全事故的直接原因。感知错误的原因主要是心理准备不足、情绪过度紧张或麻痹、知觉水平低、反应迟钝、注意力分散和记忆力差等。感知错误、经验缺乏和应变能力差，往往会导致判断错误，从而导致操作失误。错综复杂的施工环境会使施工人员产生紧张和焦虑情绪，当应急情况出现时，施工人员的精神进入应急状态，容易出现不应有的失误，甚至出现冲动性动作等，这给建筑工程安全管理埋下了隐患。

第二，动机与人为失误。动机是决定施工人员是否追求安全目标的动力源泉。有时安全动机会与其他动机产生冲突，而动机的冲突是造成人际失调和配合不当的内在动因。出于某种动机，施工班组成员可能会产生畏惧心理、逆反心理或依赖心理。畏惧心理表现在施工班组成员缺乏自信、胆怯怕事、遇到紧急情况手足无措。逆反心理是由于自我表现动机、嫉妒心而导致的抵触心态或行为对立。依赖心理则是由于对施工班组其他成员的期望值过高而产生的。这些心理障碍影响了施工班组成员之间的相互配合，极易造成人为失误。

第三，社会心理品质与人为失误。社会心理品质涉及价值观、社会态度、道德感、责任感等，直接影响施工人员的行为表现，与建筑施工安全密切相关。在建筑项目施工过程中，个别班组成员的社会心理品质不良，缺乏社会责任感，漠视施工安全操作规程，以自我为中心处理与班组其他成员的关系，行为轻率，都容易出现人为失误。

第四，个性心理特征与人为失误。施工人员的个性心理特征主要包括气质、性格和能力。个性心理特征对人为失误有明显的影响。例如，多血质型的施工人员从事单调乏味的工作时情绪容易不稳定；胆汁质型的施工人员固执己见、脾气暴躁，情绪冲动时难以克制；黏液质型的施工人员遇到特殊情况时反应慢、反应能力差。现在的施工单位在招聘劳务人员时，很少对其进行考核，更不用说进行心理方面的测试了，所以对施工人员的个性心理特征无从了解，分配施工任务时也是随意安排。

第五，情绪与人为失误。在不良的心境下，施工人员可能情绪低落，容易发生操作行为失误等情况，最终导致建筑安全事故。过分自信、骄傲自大是安全事故的陷阱。施工人员的情绪麻痹、情绪上的长期压迫和适应障碍，会使心理疲劳频繁出现而诱发失误。

第六，生理状况与人为失误。疲劳是导致建筑安全事故的重要因素。疲劳的主要原因是缺乏睡眠和昼夜节奏紊乱。如果施工人员服用一些治疗失眠的药物，也可能为建筑安全事故的发生埋下隐患。因此，经常进行教育、训练，合理安排工作，消除心理紧张因素，有效控制紧张心理，使施工人员保持最优的心理状态，对消除人为失误现象是很重要的。

在人的因素中，人的不安全行为可控，并可以完全消除。而人的失误可控性较小，不能完全消除，只能通过各种措施降低失误的概率。

（二）物的因素

对建筑行业来说，物是指生产过程中能够发挥一定作用的设备、材料、半成品、燃料、施工机械、生产对象以及其他生产要素。物的因素主要指物的故障导致物处于一种不安全状态。故障是指物不能执行所要求功能的一种状态，物的不安全状态可以看作一种故障状态。

物的故障状态主要有以下几种情况：机械设备、工器具存在缺陷或缺乏保养；存在危险物和有害物；安全防护装置失灵；缺乏防护用品或防护用品有缺陷；钢材、脚手架及其构件等原材料的堆放和储存不当；高空作业缺乏必要的保护措施等。

物的不安全状态是生产中的隐患和危险源，在一定条件下会转化为事故。物的不安全状态往往又是由人的不安全行为导致的。

（三）环境因素

事故的发生都是由人的不安全行为和物的不安全状态直接引起的。但不考虑客观情况而一味指责施工人员的"粗心大意"或"疏忽"是片面的，有时甚至是错误的。另外，还应当进一步研究造成人的过失的背景条件，即环境因素。环境因素主要指施工作业时的环境，包括温度、湿度、照明、噪声和振动等物理环境，以及企业和社会的人文环境。不良的生产环境会影响人的行为，同时对机械设备也会产生不良影响。

不良的物理环境会引起物的故障和人的失误，物理环境可以分为自然环境和生产环境。例如，施工现场到处是施工材料、机具乱摆放，生产及生活用电私拉乱扯，不但会给正常生产生活带来不便，还会引发人的烦躁情绪，从而增加事故发生的概率；温度和湿度会影响设备的正常运转，并且会引起故障；噪声、照明等会影响人动作的准确性，从而造成失误；冬天的寒冷通常造成施工人员动作迟缓或僵硬；夏天的炎热往往造成施工人员体力透支、注意力不集中；还有下雨、刮风、扬沙等天气，都会影响人的行为和机械设备的正常使用。

人文环境会影响人的心理、情绪等，进而引起人的失误。如果一个企业从领导到职工，人人讲安全、重视安全，形成安全氛围，更深层次地讲，就是形成了企业安全文化，那么在这样的环境中，安全生产是有保障的。

（四）管理因素

大量的安全事故表明，人的不安全行为、物的不安全状态以及恶劣的环境状态，往往只是事故直接和表面的原因，深入分析可以发现，发生事故的根源是管理方面存在的缺陷。国际上很多知名学者都支持这一说法，其中最具有代表性的观点是：造成安全事故的原因是多方面的，根本原因在于管理系统，包括管理的规章制度、管理的程序、监督的有效性，以及员工训练等方面的缺陷，即管理失效造成了安全事故。

常见的管理缺陷有制度不健全、责任不分明、有法不依、违章指挥、安全教育不够、处罚不严、安全技术措施不全面、安全检查不够等。

人的不安全行为可以通过安全教育、安全生产责任制以及安全奖罚机制等管理措施减少甚至杜绝。物的不安全状态可以通过提高安全生产的科技含量，建立完善的设备保养制度，推行文明施工和安全达标等管理活动予以控制。对作业现场加强安全检查，就可以发现并制止人的不安全行为和物的不安全状态，从而避免事故的发生。环境因素的影响是不可避免的，但是，通过适当的管理行为，采取适当的措施，也可以把其影响程度降到最低。

由于管理的缺失，造成了人的不安全行为的出现，进而导致物的不安全状态或环境的不安全状态的出现，最终导致安全生产事故的发生。因此，要想做好建筑安全生产管理工作，重在改善和加强建筑安全管理。

第三节 建筑工程施工安全事故应急预案

一、建筑工程施工安全事故应急预案的类型

应急预案是对特定的潜在事件和紧急情况发生时所采取措施的计划安排,是应急响应的行动指南。编制应急预案的目的是一旦发生紧急情况,能够按照合理的响应流程采取适当的救援措施,预防和减少可能随之引发的职业健康安全和环境问题。

应急预案的制订,必须与重大环境因素和重大危险源相结合,特别是要与这些环境因素和危险源一旦控制失效可能导致的后果相适应,还要考虑在实施应急救援过程中可能产生的新的伤害和损失。

应急预案应形成体系,针对各级各类可能发生的事故和所有危险源制订专项应急预案和现场应急处置方案,并明确事前、事中、事后的各个过程中相关部门和有关人员的职责。生产规模小、危险因素少的生产经营单位,其综合应急预案和专项应急预案可以合并编写。

(一)综合应急预案

综合应急预案是从总体上阐述事故的应急方针、政策,应急组织结构及相关应急职责,应急行动、措施和保障等基本要求和程序,是应对各类事故的综合性文件。

(二)专项应急预案

专项应急预案是针对具体的事故类别(如基坑开挖、脚手架拆除等事故)、危险源和应急保障而制订的计划或方案,是综合应急预案的组成部分,应按照综合应急预案的程序和要求组织制订。专项应急预案应制订明确的急救程序和具体的应急救援措施。

(三)现场处置方案

现场处置方案是针对具体的装置、场所或设施、岗位所制订的应急处置措施,应具有具体、简单、针对性强的特点。现场处置方案应根据风险评估及危险性控制措施逐一

编制，做到事故相关人员应知应会、熟练掌握，并通过应急演练，做到迅速反应、正确处置。

二、建筑工程施工安全事故应急预案编制的要求和内容

（一）建筑工程施工安全事故应急预案编制的要求

第一，符合有关法律、法规、规章和标准的规定。

第二，结合本地区、本部门、本单位的安全生产实际情况进行编制。

第三，结合本地区、本部门、本单位的危险性分析情况进行编制。

第四，应急组织和人员的职责分工应明确，并有具体的落实措施。

第五，有明确、具体的事故预防措施和应急程序，并与其应急能力相适应。

第六，有明确的应急保障措施，并能满足本地区、本部门、本单位的应急工作要求。

第七，预案基本要素齐全、完整，预案附件提供的信息准确。

第八，预案内容与相关应急预案相互衔接。

（二）建筑工程施工安全事故应急预案编制的内容

1.综合应急预案的主要内容

（1）总则

第一，编制目的。简述应急预案编制的目的、作用等。

第二，编制依据。简述应急预案编制所依据的法律、法规、规章，以及有关行业管理规定、技术规范和标准等。

第三，适用范围。说明应急预案适用的区域范围以及事故的类型、级别。

第四，应急预案体系。说明本单位应急预案体系的构成情况。

第五，应急工作原则。说明本单位应急工作的原则，内容应简明扼要、明确具体。

（2）施工单位的危险性分析

第一，施工单位概况。主要包括施工单位总体情况及生产活动的特点等内容。

第二，危险源与风险分析。主要阐述本单位存在的危险源及风险分析结果。

（3）组织机构及职责

第一，应急组织体系。明确应急组织形式、构成单位或人员，并尽可能以结构图的

形式表示出来。

第二，指挥机构及职责。明确应急救援指挥机构总指挥、副总指挥、各成员单位及其相应职责。应急救援指挥机构根据事故类型和应急工作需要，可以设置相应的应急救援工作小组，并明确各小组的工作任务及职责。

（4）预防与预警

第一，危险源监控。明确本单位对危险源监测监控的方式、方法，以及采取的预防措施。

第二，预警行动。明确事故预警的条件、方式、方法和信息的发布程序。

第三，信息报告与处置。按照有关规定，明确事故及未遂伤亡事故信息报告与处置办法。

（5）应急响应

第一，响应分级。针对事故危害程度、影响范围和单位控制事态的能力，将事故分为不同的等级。按照分级负责的原则，明确应急响应级别。

第二，响应程序。根据事故的大小和发展态势，明确应急指挥、应急行动、资源调配、应急避险等响应程序。

第三，应急结束。明确事故情况上报事项；向事故调查处理小组移交相关事项；事故应急救援工作总结报告。

（6）信息发布

明确事故信息发布的部门及发布原则。事故信息应由事故现场指挥部及时、准确地向新闻媒体通报。

（7）后期处置

后期处置主要包括污染物处理、事故后果影响消除、生产秩序恢复、善后赔偿、抢险过程、应急救援能力评估及应急预案的修订等内容。

（8）保障措施

保障措施主要包括通信与信息保障、应急队伍保障、应急物资装备保障、经费保障及其他保障（如交通运输保障、治安保障、技术保障、医疗保障、后勤保障等）。

（9）培训与演练

第一，培训。明确对本单位人员开展应急培训的计划、方式和要求。

第二，演练。明确应急演练的规模、方式、频次、范围、内容、组织、评估、总结等。

（10）奖惩

奖惩是要明确事故应急救援工作中奖励和处罚的条件与内容。

（11）附则

第一，术语和定义。对应急预案涉及的一些术语进行定义。

第二，应急预案备案。明确本应急预案的报备部门。

第三，维护和更新。明确应急预案维护和更新的基本要求，定期进行评审，实现可持续改进。

第四，制订与解释。明确应急预案负责制订与解释的部门。应急预案实施：明确应急预案实施的具体时间。

2.专项应急预案的主要内容

第一，事故类型和危害程度分析。在危险源评估的基础上，对其可能发生的事故类型及事故严重程度进行确定。

第二，应急处理基本原则。明确处置安全生产事故应当遵循的基本原则。

第三，组织机构及职责。应急组织体系是指应明确应急组织形式、构成单位或人员，并尽可能以结构图的形式表现出来。指挥机构及职责是指根据事故类型，明确应急救援指挥机构中总指挥、副总指挥以及各成员单位或人员的具体职责。

第四，预防与预警。危险源监控是指本单位应明确对危险源监测监控的方式、方法，以及采取的预防措施。预警行动是指应明确具体事故预警的条件、方式、方法和信息的发布程序。

第五，信息报告程序。确定报警系统及程序，确定现场报警方式，确定 24 小时与相关部门的通信、联络方式。

第六，应急处置。响应分级是针对事故危害程度、影响范围和单位控制事态的能力，将事故分为不同的等级。按照分级负责的原则，明确应急响应级别。响应程序是根据事故的大小和发展态势，明确应急指挥、应急行动、资源调配、应急避险等。

第七，应急物资与装备保障。明确应急处置所需的物资与装备数量，以及相关管理维护和使用方法等。

3.现场处置方案的主要内容

第一，事故特征。危险性分析，可能发生的事故类型；事故发生的区域、地点或装置的名称；事故可能发生的季节和造成的危害程度；事故发生前可能出现的征兆。

第二，应急组织与职责。基层单位应急自救组织形式及人员构成情况；应急自救组织机构、人员的具体职责应同单位或车间、班组人员的工作职责紧密结合，明确相关岗位和人员的应急工作职责。

第三，应急处置。事故应急处置程序；现场应急处置措施；报警电话及上级管理部门、相关应急救援单位的联系方式，事故报告的基本要求和内容。

第四，注意事项。佩戴个人防护器具方面的注意事项；使用抢险救援器材方面的注意事项；采取救援对策或措施方面的注意事项；现场自救和互救方面的注意事项；现场应急处置能力确认和人员安全防护方面的事项；应急救援结束后的注意事项；其他需要特别警示的事项。

三、建筑工程施工安全事故应急预案的管理

建筑工程施工安全事故应急预案的管理包括应急预案的评审、备案、实施和奖惩。应急管理部负责应急预案的综合协调和管理工作。国务院其他负有安全生产监督管理职责的部门按照各自的职责负责本行业、本领域内应急预案的管理工作。县级以上地方各级人民政府安全生产监督管理部门负责本行政区域内应急预案的综合协调管理工作。县级以上地方各级人民政府其他负有安全生产监督管理职责的部门按照各自的职责负责辖区内本行业、本领域应急预案的管理工作。

（一）应急预案的评审

地方各级安全生产监督管理部门应当组织有关专家对本部门编制的应急预案进行审定，必要时可以召开听证会，听取社会有关方面的意见。涉及相关部门职能或者需要有关部门配合的，应当征得有关部门同意。

参加应急预案评审的人员应当包括应急预案涉及的政府部门工作人员和有关安全生产及应急管理方面的专家。评审人员与所评审预案的生产经营单位有利害关系的，应当回避。

应急预案的评审或者论证应当注重应急预案的实用性、基本要素的完整性、预防措

施的针对性、组织体系的科学性、响应程序的操作性、应急保障措施的可行性、应急预案的衔接性等。

（二）应急预案的备案

地方各级安全生产监督管理部门的应急预案，应当报同级人民政府和上一级安全生产监督管理部门备案。

其他负有安全生产监督管理职责的部门的应急预案，应当抄送同级安全生产监督管理部门。

由中央人民政府管理的总公司（总厂、集团公司、上市公司）的综合应急预案和专项应急预案，报国务院国有资产监督管理部门、国务院安全生产监督管理部门和国务院有关主管部门备案；其所属单位的应急预案分别抄送所在地的省、自治区、直辖市或者设区的市级人民政府安全生产监督管理部门和有关主管部门备案。

除上述规定以外的其他生产经营单位中涉及实行安全生产许可的，其综合应急预案和专项应急预案，按照隶属关系报所在地县级以上地方人民政府安全生产监督管理部门和有关主管部门备案；未实行安全生产许可的，其综合应急预案和专项应急预案的备案，由省、自治区、直辖市人民政府安全生产监督管理部门确定。

（三）应急预案的实施

各级安全生产监督管理部门、生产经营单位应当采取多种形式开展应急预案的宣传教育，普及生产安全事故预防、避险、自救和互救知识，提高从业人员的安全意识和应急处置技能。

生产经营单位应当制订本单位的应急预案演练计划，根据本单位的事故预防重点，每年至少组织一次综合应急预案演练或者专项应急预案演练，每半年至少组织一次现场处置方案演练。生产经营单位应当及时向有关部门或者单位报告应急预案的修订情况，并按照有关应急预案报备程序重新备案。

（四）应急预案的奖惩

《应急管理部关于修改〈生产安全事故应急预案管理办法〉的决定》规定，生产经营单位未按照规定进行应急预案备案的，由县级以上人民政府应急管理等部门依照职责责令限期改正；逾期未改正的，处 3 万元以上 5 万元以下的罚款，对直接负责的主管人员和其他直接责任人员处 1 万元以上 2 万元以下的罚款。

生产经营单位未制定应急预案或者未按照应急预案采取预防措施，导致事故救援不力或者造成严重后果的，由县级以上安全生产监督管理部门依照有关法律、法规和规章的规定，责令停产、停业整顿，并依法给予行政处罚。

第七章 建筑工程质量管理

第一节 建筑工程质量概述

一、建筑工程质量的特性

建筑工程质量简称工程质量。建筑工程质量的特性是指工程满足业主需要的，符合国家法律、法规、技术规范标准、设计文件及合同规定的特性。

建筑工程作为一种特殊的产品，除具有一般产品所具有的质量特性，如可靠性、经济性等能够满足社会需要的使用价值及其属性外，还具有特定的内涵。建筑工程质量的特性主要表现在以下几个方面：

（一）适用性

适用性是指工程满足使用目的的各种性能，它包括以下几个方面：

1.理化性能

理化性能包括尺寸、规格、保温、隔热、隔音等物理性能，耐酸、耐碱、耐腐蚀等化学性能。

2.结构性能

结构性能是指地基基础牢固程度，包括结构的强度、刚度和稳定性。

3.使用性能

使用性能是指民用住宅工程要能使居住者安居，工业厂房要能满足生产活动需要，道路、桥梁、铁路、航道要通达便捷等。

4.外观性能

外观性能是指建筑物的造型、布置、色彩、室内装饰效果等美观、大方、协调。

（二）耐久性

耐久性是指工程竣工后建筑物的合理使用寿命。由于建筑物本身的结构类型不同、质量要求不同、施工方法不同、使用性能不同，因此其耐久性也不同。

（三）安全性

安全性是指工程建成后，在使用过程中保证结构安全，保证人身和环境免受危害的程度。建筑工程产品的结构安全度，抗震、耐火及防火能力等，都是安全性的重要标志。工程交付使用后，必须保证人身财产、工程整体都能免遭工程结构破坏及外来因素造成的损害。工程组成部件，如阳台栏杆、楼梯扶手、电梯及各类设备等，都要保证使用者的安全。

（四）可靠性

可靠性是指工程在规定的时间和规定的条件下发挥规定作用的能力。工程不仅要在交工验收时达到规定的指标，而且在一定的使用时期内要保持应有的正常功能。

（五）经济性

经济性是指工程从规划、勘察、设计、施工到整个产品使用寿命周期消耗的费用。工程经济性具体表现在设计成本、施工成本、使用成本方面，包括征地、拆迁、勘察、设计、采购（材料、设备）、施工、配套设施建设等全过程的总投资和工程使用阶段的能耗、水耗、维护、保养乃至改建更新的维修费用。

（六）与环境的协调性

与环境的协调性是指工程与周围生态环境协调、与所在地区经济环境协调，以及与周围已建工程协调，以适应可持续发展的要求。

二、影响建筑工程质量的因素

影响建筑工程质量的因素有很多，通常可以归纳为"4M1E"，具体指：人（Man）、材料（Material）、机械（Machine）、方法（Method）和环境（Environment）。事前对这几个因素严加控制，是保证施工项目质量的关键。

（一）人

人是生产经营活动的主体，也是直接参与施工的组织者、指挥者及施工作业活动的具体操作者。人员素质即人的文化、技术、决策、组织、管理等能力的高低，它直接或间接地影响工程质量。此外，人作为控制的对象，要避免出现失误；作为控制的动力，要充分调动人的积极性，发挥人的主导作用。

为此，除加强政治思想、劳动纪律、职业道德教育和专业技术培训，健全岗位责任制，改善劳动条件，公平合理地激励劳动者以外，还要根据工程特点，从人的技术水平、生理缺陷、心理行为、错误行为等方面来控制人。因此，建筑行业要实行经营资质管理和各类行业从业人员持证上岗制度，这也是保证人员素质的重要措施。

（二）材料

材料包括原材料、成品、半成品、构配件等，它是工程施工的物质基础，也是保证工程质量的基础。要严格检查验收材料，正确合理地使用材料，建立管理台账，注重对收、发、储、运等各环节的技术管理，避免混料或将不合格的原材料使用到工程上。

（三）机械

机械包括施工机械设备、工具等，是施工生产的手段。要根据不同工艺特点和技术要求，选用合适的机械设备；正确使用、管理和保养机械设备。机械设备的质量与性能直接影响工程项目的质量。为此，要建立健全"人机固定"制度、"操作证"制度、岗位责任制度、交接班制度、技术保养制度、安全使用制度、机械设备检查制度等，确保机械设备处于最佳使用状态。

（四）方法

方法包含施工方案、施工工艺、施工组织设计、施工技术措施等。在工程施工中，方法是否合理，工艺是否先进，操作是否得当，都会对施工质量产生重大影响。应通过分析、研究、对比，在确认可行的基础上，切合工程实际，选择能解决施工难题、技术可行、经济合理，有利于保证质量、加快进度、降低成本的方法。

（五）环境

影响工程质量的环境因素较多，有工程技术环境，如地质、水文、气象等；工程管理环境，如质量保证体系和质量管理制度等；劳动环境，如劳动组合、作业场所等；社会环境，如建筑市场规范程度、政府工程质量监督和行业监督成熟度等。环境因素对工程质量的影响具有复杂多变的特点，如气象变化万千，温度、湿度、大风、暴雨、酷暑、严寒等都会直接影响工程质量。又如，前一工序通常是后一工序的施工环境，前一分项、分部工程也是后一分项、分部工程的施工环境。因此，加强环境管理，改进作业条件，把握好环境，是控制环境影响因素的重要保障。

三、建筑工程施工质量的特点

建筑工程质量的特点是由建筑工程本身和建设过程决定的，主要内容如下：

（一）影响因素多

建筑工程施工质量受多种因素的影响，如决策、设计、材料、机具设备、施工方法、施工工艺、技术措施、人员素质、工期、工程造价等，这些因素会直接或间接地影响建筑工程项目施工质量。

（二）质量波动大

由于建筑生产的单件性、流动性，不像一般工业产品的生产那样，有固定的生产流水线、规范化的生产工艺、完善的检测技术、成套的生产设备和稳定的生产环境，因此工程施工质量容易产生波动且波动较大。另外由于影响工程施工质量的偶然性因素和系统性因素较多，其中的任一因素发生变化，都会使工程质量产生波动。为此，要严防出现系统性因素的质量变异，把质量波动控制在偶然性因素的范围内。

（三）质量隐蔽性

建筑工程在施工过程中，分项工程交接多、中间产品多、隐蔽工程多，因此，建筑工程的质量存在隐蔽性。若在施工时不及时进行质量检查，则事后只能从表面检查，这样就很难发现内在的质量问题了。

（四）终检的局限性

工程项目建成后，一般不可能像工业产品那样将产品拆卸、解体来检查其内在的质量，或对不合格的零部件进行更换。也就是说，工程项目的终检（竣工验收）无法进行工程内在质量的检验，不能发现隐蔽的质量缺陷。因此，工程项目的终检存在一定的局限性。所以，工程施工质量管理应以预防为主，防患于未然。

（五）评价方法的特殊性

工程施工质量的检查评定及验收是按检验批、分项工程、分部工程、单位工程的顺序进行的。工程施工质量是在施工单位按合格质量标准自行检查评定的基础上，由监理工程师（或建设单位项目负责人）组织有关单位、人员进行检验，确认验收。这种评价方法体现了"验评分离、强化验收完善手段、过程控制"的指导思想。

第二节　建筑工程质量管理的内容

一、建筑工程质量管理的依据

（一）相关技术文件

概括地说，建筑工程质量管理的相关技术文件主要有以下几类：

第一，工程项目施工质量验收标准《建筑工程施工质量验收统一标准》（GB 50300—2013），以及其他行业工程项目的质量验收标准。

第二，有关工程材料、半成品和构配件质量控制方面的专门技术法规。

第三，控制施工作业活动质量的技术规程（如电焊操作规程、砌砖操作规程、混凝土施工操作规程等）。

第四，凡采用新工艺、新技术、新材料的工程，应事先进行试验，并应有权威性技术部门的技术鉴定书及有关的质量数据、指标，在此基础上制定质量标准和施工工艺规程，以此作为判断与管理施工质量的依据。

（二）工程建设各阶段对质量的要求

建筑工程项目质量的形成过程，贯穿于整个建设项目的决策阶段和各个工程项目设计与施工阶段，是一个从目标决策、目标细化到目标实现的系统过程。因此，必须分析工程建设各阶段对质量的要求，以便采取有效的管理措施。

1.决策阶段

这一阶段包括建设项目发展规划、项目可行性研究、建设方案论证和投资决策等工作。在这一阶段，相关工作的主要目的是识别业主的建设意图和需求，对建设项目的性质、建设规模、使用功能、系统构成和建设标准要求等进行策划、分析、论证，为整个建设项目的质量目标提出明确要求。

2.设计阶段

建筑工程设计是通过建筑设计、结构设计、设备设计使质量目标具体化，并指出达到工程质量目标的途径和具体方法。这一阶段是建筑工程项目质量目标的具体定义过程。通过建筑工程的方案设计、扩大初步设计、技术设计和施工图设计等环节，明确建筑工程项目各细部的质量特性指标，为项目的施工安装作业活动及质量管理提供依据。

3.施工阶段

施工阶段是建设目标的实现过程，是影响建筑工程项目质量的关键环节，包括施工准备工作和施工作业活动。通过严格按照施工图纸施工，实施目标管理、过程监控、阶段考核、持续改进等环节，将质量目标和质量计划付诸实践。

4.竣工验收及保修阶段

竣工验收是对工程项目质量目标完成程度的检验、评定和考核过程，它体现了工程质量的最终水平。此外，一个工程项目不只是经过竣工验收就可以完成的，还要经过使用保修阶段，需要在使用过程中解决施工遗留问题，从而发现新的质量问题。只有严格把握好这两个环节，才能最终保证工程项目的质量。

二、建筑工程施工准备阶段的质量管理

（一）施工承包单位资质的核查

1.施工承包单位资质的分类

根据施工企业承包工程的能力，可将其划分为施工总承包企业、专业承包企业和劳务分包企业。

（1）施工总承包企业

获得施工总承包资质的企业，可以对工程实行施工总承包或者对主体工程实行施工承包。施工总承包企业可以将承包的工程全部自行施工，也可将非主体工程或者劳务作业分包给具有相应专业承包资质或者劳务分包资质的其他建筑业企业。施工总承包企业的资质按专业类别共分为12个，每一个资质类别又分为特级、一级、二级、三级。

（2）专业承包企业

获得专业承包资质的企业，可以承接施工总承包企业分包的专业工程或者建设单位按照规定发包的专业工程。专业承包企业可以对所承接的工程全部自行施工，也可以将劳务作业分包给具有相应劳务分包资质的劳务分包企业。专业承包企业资质按专业类别

共分为 60 个，每一个资质类别又分为一级、二级、三级。

（3）劳务分包企业

获得劳务分包资质的企业，可以承接施工总承包企业或者专业承包企业分包的劳务作业。劳务承包企业的资质类别包括木工作业、砌筑作业、钢筋作业、架线作业等。有的资质类别分成若干级，有的则不分级，如木工、砌筑、钢筋作业劳务分包企业资质分为一级、二级，油漆、架线等作业劳务分包企业则不分级。

2.查对承包单位近期承建工程

实地参观考核工程质量情况及现场管理水平。在全面了解的基础上，重点考核与拟建工程类型、规模、特点相似或接近的工程，优先选取具有名牌优质工程建造经验的企业。

（二）施工组织设计（质量计划）的审查

1.质量计划与施工组织设计

质量计划与现行施工管理中的施工组织设计既有相同的地方，又存在着差别，主要体现在以下几点：

（1）对象相同

质量计划和施工组织设计都是针对某一特定工程项目提出的。

（2）形式相同

二者均为文件形式。

（3）作用既有相同之处又有区别

投标时，投标单位向建设单位提供的施工组织设计和质量计划的目的是相同的，都是对建设单位作出工程项目质量管理的承诺；施工期间，承包单位编制的、详细的施工组织设计仅供内部使用，用于具体指导工程项目的施工，而质量计划的主要作用是向建设单位作出保证。

（4）编制的原理不同

质量计划的编制是以质量管理标准为基础的，在质量职能上对影响工程质量的各环节进行控制；而施工组织设计则是从施工部署的角度，着重从技术质量上来编制全面施工管理的计划文件。

（5）内容上各有侧重点

质量计划的内容包括质量目标、组织结构，以及人员培训、采购、过程质量控制的手段和方法；而施工组织设计则是建立在灵活运用这些手段和方法的基础上。

2.施工组织设计的审查程序

第一，在工程项目开工前约定的时间内，承包单位必须完成施工组织设计的编制及内部自审批准工作，填写"施工组织设计（方案）报审表"，报送项目监理机构。

第二，总监理工程师在约定的时间内，组织专业监理工程师审查，提出意见后，由总监理工程师审核签认。需要承包单位修改时，由总监理工程师签发书面意见，退回承包单位修改后再报审，总监理工程师要重新审查。

第三，已审定的施工组织设计由项目监理机构报送建设单位。

第四，承包单位应按审定的施工组织设计文件组织施工。如需对其内容作较大的变更，应在实施前以书面形式将变更内容报送项目监理机构审核。

第五，对规模大、结构复杂或属于新结构、特种结构的工程，项目监理机构应在审查施工组织设计后，报送监理单位技术负责人审查，其审查意见由总监理工程师签发。必要时与建设单位协商，组织有关专家会审。

3.审查施工组织设计时应坚持的原则

第一，施工组织设计的编制、审查和批准应符合规定的程序。

第二，施工组织设计应符合国家的技术政策，充分考虑承包合同规定的条件、施工现场条件及法律、法规等，突出"质量第一""安全第一"的原则。

第三，施工组织设计应有针对性。承包单位要了解并掌握本工程的特点及难点，施工条件要充分。

第四，施工组织设计应有可操作性。承包单位要有能力执行并保证工期和质量目标，相关施工组织设计要切实可行。

第五，技术方案的先进性。施工组织设计采用的技术方案和措施要具有先进性，相关技术应已成熟。

第六，质量管理和技术管理体系、质量保证措施要健全且切实可行。

第七，安全、环保、消防和文明施工措施要切实可行并符合有关规定。

第八，在符合合同和法规要求的前提下，对施工组织设计的审查，应尊重承包单位的自主技术决策和管理决策。

（三）现场施工准备的质量管理

监理工程师现场施工准备的质量管理共包括八项工作：工程定位及标高基准管理，施工平面布置的管理，材料构配件采购订货的管理，施工机械设备的管理，分包单位资质的审核确认，设计交底与施工图纸的现场核对，严把开工关，监理组织内部的监控准备工作。

1.工程定位及标高基准管理

工程施工测量放线是建筑工程产品由设计转化为实物的第一步。监理工程师应将其作为保证工程质量的一项重要内容，在监理工作中，应由测量专业监理工程师负责工程测量的复核管理工作。

2.施工平面布置的管理

监理工程师要检查施工现场的总体布置是否合理，是否有利于保证施工正常、顺利地进行，是否有利于保证质量等。

3.材料构配件采购订货的管理

凡由承包单位负责采购的原材料、半成品或构配件，在采购订货前应向监理工程师申报；对于重要的材料，还应提交样品，供试验或鉴定，有些材料则要求供货单位提交理化试验单（如预应力钢筋的硫、磷含量等），经监理工程师审查认可后，方可进行订货采购。

对于半成品和构配件的采购、订货，监理工程师应提出明确的质量要求，质量检测项目及标准；提出出厂合格证或产品说明书等质量文件的要求，以及是否需要权威性的质量认证等。

4.施工机械设备的管理

第一，施工机械设备的选择。选择施工机械设备时，除应考虑施工机械的技术性能、工作效率、工作质量、可靠性以及维修难易程度、能源消耗等影响因素外，还应考虑其数量配置对施工质量的影响。

第二，审查施工机械设备的数量是否足够。

第三，审查所需的施工机械设备是否按已批准的计划备妥；所准备的机械设备是否与监理工程师审查认可的施工组织设计或施工计划中所列的一致；所准备的施工机械设备是否都处于完好的可用状态等。

5.分包单位资质的审核确认

第一，分包单位提交"分包单位资质报审表"。总承包单位选定分包单位后，应向监理工程师提交"分包单位资质报审表"。

第二，监理工程师审查总承包单位提交的"分包单位资质报审表"。

第三，对分包单位进行调查，调查的目的是核实总承包单位申报的分包单位情况。

6.设计交底与施工图纸的现场核对

施工图纸是工程施工的直接依据，为了使施工承包单位充分了解工程特点、设计要求，减少图纸的差错，确保工程质量，减少工程变更，监理工程师应要求施工承包单位做好施工图的现场核对工作。

施工图纸现场核对工作主要包括以下几个方面：

第一，施工图纸合法性的认定。施工图纸是否经设计单位正式签署，是否按规定经有关部门审核批准，是否得到建设单位的同意。

第二，图纸与说明书是否齐全，如分期出图，图纸供应是否满足需求。

第三，地下障碍物、管线是否探明并标注清楚。

第四，图纸中有无遗漏、差错或相互矛盾之处（如漏画螺栓孔、漏列钢筋明细表，尺寸标注有错误等）。图纸的表示方法是否清楚、符合标准等。

第五，地质及水文地质等基础资料是否充分、可靠，地形、地貌与现场实际情况是否相符。

第六，所需材料的来源有无保证，能否替代；新材料、新技术的采用有无问题。

第七，所提出的施工工艺、方法是否合理，是否切合实际，是否存在不便于施工之处，能否保证质量要求。

第八，施工图或说明书中所涉及的各种标准、图册、规范、规程等，承包单位是否具备。

对于存在的问题，承包单位应以书面形式提出。在设计单位以书面形式进行解释或确认后，承包单位才能进行施工。

7.严把开工关

在总监理工程师向承包单位发出开工通知书时，建设单位即应按照计划提供承包单位所需的场地和施工通道以及水、电供应条件，以保证及时开工，防止承担补偿工期和费用损失的责任。为此，监理工程师应事先检查工程施工所需的场地征用情况，以及道路和水、电是否开通等。

总监理工程师对拟开工工程有关的现场各项施工准备工作进行检查并确认合格后，方可发布书面的施工指令，开工前承包单位必须提交"工程开工报审表"，经监理工程师审查前述各方面条件具备并由总监理工程师予以批准后，承包单位才能正式进行施工。

8.监理组织内部的监控准备工作

建立并完善项目监理机构的质量监控系统，做好监控准备工作，使之能满足监理项目质量监控的需要，这是监理工程师做好质量控制的基础工作之一。

三、建筑工程施工过程质量管理

（一）作业技术准备状态管理

所谓作业技术准备状态管理，是指在正式开展作业技术活动前，检查各项施工准备是否按预先计划的安排落实到位。

1.质量控制点的设置

质量控制点是指为了保证作业过程质量而确定的重点控制对象、关键部位或薄弱环节。设置质量控制点是保证达到施工质量要求的必要前提。具体做法是承包单位事先分析可能造成质量问题的原因，针对原因制定对策，列出质量控制点明细表，并提交监理工程师审查批准。在审查通过后，再实施质量预控。

2.质量控制点所在环节或部位

第一，在施工过程中的关键工序或环节以及隐蔽工程，如预应力结构的张拉工序，钢筋混凝土结构中的钢筋架立。

第二，施工中的薄弱环节，或质量不稳定的工序、部位或对象，如地下防水层施工。

第三，对后续工程施工或对后续工序的质量、安全有重大影响的工序、部位或对象，如预应力结构中的预应力钢筋质量、模板的支撑与固定等。

第四，采用新技术、新工艺、新材料的部位或环节。

第五，施工上无足够把握的、施工困难的或技术难度大的工序或环节，如复杂曲线模板的放样等。

是否设置为质量控制点，主要视其对质量特性影响的大小、危害程度以及其质量保证的难度大小而定。

（二）作业技术交底管理

作业技术交底是施工组织设计或施工方案的具体化。项目经理部中主管技术人员编制的技术交底书，必须经项目总工程师批准。

技术交底的内容包括施工方法、质量要求和验收标准，在施工过程中需注意的问题，出现意外的补救措施和应急方案。

交底中要明确的问题有：做什么、谁来做、如何做、作业标准和要求、什么时间完成等。对于关键部位或技术难度大、施工复杂的检验批，在分项工程施工前，承包单位的技术交底书（作业指导书）要报监理工程师。监理工程师审查后，如果技术交底书不能保证作业活动的质量要求，承包单位要进行修改补充。如果没有做好技术交底的工序或分项工程，则不得进入正式实施阶段。

（三）进场材料、构配件和设备的质量管理

凡运到施工现场的原材料、半成品或构配件，进场前应向项目监理机构提交"工程材料/构配件/设备报审表"，同时附有产品出厂合格证及技术说明书。由施工承包单位按规定要求进行检验的检验或试验报告，要经监理工程师审查并确认其质量合格。在此之后，产品方准进场。凡是没有产品出厂合格证明及检验不合格者，不得进场。

如果监理工程师认为承包单位提交的有关产品合格证明的文件，以及施工承包单位提交的检验和试验报告仍不足以说明到场产品的质量符合要求，监理工程师可以再行组织复检或进行取样试验，确认其质量合格后方可允许进场。

（四）环境状态管理

1.施工作业环境的管理

作业环境条件包括水、电或动力供应，施工照明、安全防护设备，施工场地空间条件和通道，交通运输道路条件等。

监理工程师应事先检查承包单位是否已做好安排和准备妥当。在监理工程师确认承包单位准备可靠、有效后，方可准许承包单位施工。

2.施工质量环境的管理

施工质量环境的管理主要是指以下几点：

第一，施工承包单位的质量管理体系和质量控制自检系统是否处于良好状态。

第二，系统的组织结构、管理制度、检测制度、检测标准、人员配备等方面是否完善和明确。

第三，质量责任制是否落实。

监理工程师要做好对承包单位施工质量环境的检查，并督促其落实，这是保证作业效果的重要前提。

（五）进场施工机械设备性能及工作状态的管理

1.进场检查

在进场前，施工单位应报送进场设备清单。清单包括机械设备规格、数量、技术性能、设备状况、进场时间。进场后，监理工程师进行现场核对，核对施工内容是否与施工组织设计中所列的内容相符。

2.工作状态的检查

审查机械的使用、保养记录。检查机械的工作状态。

3.特殊设备安全运行的审核

对于现场使用的塔吊及有关特殊安全要求的设备，进入现场后，在使用前，必须经当地劳动安全部门鉴定，确定该特殊设备符合要求并办好相关手续后方可允许承包单位投入使用。

4.大型临时设备的检查

在设备使用前，承包单位必须取得本单位上级安全主管部门的审查批准，办好相关手续后，监理工程师方可批准投入使用。

（六）施工测量及计量器具性能、精度的管理

1.实验室

承包单位应建立实验室。若不能建立，则应委托有资质的专门实验室进行试验。若是新建的实验室，应按国家有关规定，经计量主管部门认证，取得相应资质。若是本单位中心实验室的派出部分，则应有中心实验室的正式委托书。

2.监理工程师对实验室的检查

第一，在工程作业开始前，承包单位应向监理机构报送实验室（或外委实验室）的资质证明文件，列出本实验室所开展的试验、检测项目，用到的主要仪器、设备，法定计量部门对计量器具的标定证明文件，试验检测人员上岗资质证明，实验室管理制度等。

第二，监理工程师的实地检查。监理工程师应检查实验室资质证明文件、试验设备、检测仪器是否满足工程质量检查要求，是否处于良好的可用状态；精度是否符合需要；法定计量部门标定资料，合格证、率定表是否在标定的有效期内；实验室管理制度是否完善，符合实际；试验、检测人员的上岗资质等。经检查，确认能满足工程质量检验要求，则予以批准，同意使用；否则，承包单位应进一步完善、补充，在没有得到监理工程师同意之前，实验室不得使用。

第三，工地测量仪器的检查。在施工测量开始前，承包单位应向项目监理机构提交测量仪器的型号、技术指标、精度等级，法定计量部门的标定证明，测量工的上岗证明等。在监理工程师审核确认后，方可进行正式测量作业。在作业过程中，监理工程师也应经常检查、了解计量仪器、测量设备的性能、精度状况，使其保持在良好的状态。

（七）施工现场劳动组织及作业人员上岗资格管理

第一，现场劳动组织的控制。劳动组织涉及从事作业活动的操作者及管理者，以及相应的管理制度。

第二，作业人员上岗资格。从事特殊作业的人员（如电焊工、电工、起重工、架子工、爆破工）必须持证上岗。对此监理工程师要进行检查与核实。

（八）作业技术活动结果管理

1.作业技术活动结果管理的内容

作业技术活动结果管理的主要内容有以下几项：

第一，基槽（基坑）验收。

第二，隐蔽工程验收。

第三，工序交接验收。

第四，检验批分项、分部工程的验收。

第五，联动试车或设备的试运转。

第六，单位工程或整个工程项目的竣工验收。

第七，不合格工程及材料的处理。

上一道工序不合格不准进入下一道工序施工；不合格的材料、构配件、半成品不准进入施工现场且不允许使用；已进场的不合格品应及时做好标识并进行记录，指定专人看管，避免用错，并限期清出现场；不合格的工序或工程产品不予计价。

2.作业技术活动结果检验程序

作业技术活动结果检验程序是：施工承包单位竣工自检→提交工程竣工报验单→总监理工程师组织专业监理工程师→竣工初验→初验合格，报建设单位→建设单位组织正式验收。

第三节　建筑工程质量管理的方法与手段

一、审核有关技术文件、报告或报表

对技术文件、报告或报表的审核，是项目经理对工程质量进行全面管理的重要手段，其具体内容包括：

第一，审核有关技术资质证明文件。

第二，审核开工报告，并进行现场核实。

第三，审核施工方案、施工组织设计和技术措施。

第四，审核有关材料、半成品的质量检验报告。

第五，审核反映工序质量动态的统计资料或控制图表。

第六，审核设计变更、修改图纸和技术核定书。

第七，审核有关质量问题的处理报告。

第八，审核有关应用新工艺、新材料、新技术、新结构的技术鉴定书。

第九，审核有关工序的交接检查，分项、分部工程质量检查报告。

第十，审核并签署现场有关技术签证、文件等。

二、现场质量检验

（一）现场质量检验的概念

现场质量检验就是根据一定的质量标准，借助一定的检测手段来估计工程产品、材料或设备等的性能特征或质量状况的工作。

现场质量检验工作在检验每种质量特征时，一般包括以下工作：

第一，明确某种质量特性的标准。

第二，量度工程产品或材料的质量特征数值或状况。

第三，记录与整理有关的检验数据。

第四，将量度的结果与标准进行比较。

第五，对质量进行判断与估价。

第六，对符合质量要求的作出安排。

第七，对不符合质量要求的进行处理。

（二）现场质量检验的内容

1.开工前检查

开工前检查的目的是检查是否具备开工条件，开工后能否连续正常施工，能否保证工程质量。

2.工序交接检查

对于重要的工序或对工程质量有重大影响的工序，在自检、互检的基础上，还要组织专职人员进行工序交接检查。

3.隐蔽工程检查

凡是隐蔽工程均应检查认证后方能施工。

4.停工后复工前的检查

因处理质量问题或某种原因停工后需复工的，经检查认可后方能复工。

5.分项、分部工程的检查

分项、分部工程完工后，应经检查认可，签署验收记录后，才能进行下一个工程项目施工。

6.成品保护检查

检查成品有无保护措施，或保护措施是否可靠。

此外，负责质量工作的领导和工作人员还应深入现场，对施工操作质量进行巡视检查；必要时，还应进行跟班或追踪检查。

（三）现场质量检验的作用

要保证和提高施工质量，质量检验是必不可少的手段。概括起来，质量检验的主要作用如下：

第一，质量检验是质量保证与质量控制的重要手段。为了保证工程质量，在质量控制中，需要将工程产品或材料、半成品等的实际质量状况（质量特性等）与规定的某一标准进行比较，以便判断其质量状况是否符合要求，这就需要通过质量检验来检测其实际情况。

第二，质量检验为质量分析与质量控制提供了必要的技术数据和信息，因此，质量检验是质量分析、质量控制与质量保证的基础。

第三，通过对进场和使用的材料、半成品、构配件及其他器材、物资进行全面的质量检验，可避免因材料、物资的质量问题而导致的工程质量事故。

第四，在施工过程中，通过对施工工序的检验可取得数据，可及时判断施工质量，采取措施，防止质量问题的延续与积累。

（四）现场质量检验的方法

现场进行质量检验的方法有目测法、实测法和试验法。

1.目测法

目测法的手段可归纳为"看、摸、敲、照"。

（1）"看"

"看"就是根据质量标准进行外观目测，如装饰工程墙、地砖铺的四角对缝是否垂直一致，砖缝宽度是否一致，是否横平竖直。又如，清水墙面是否洁净，喷涂是否密实，颜色是否均匀，内墙抹灰大面及口角是否平直，地面是否光洁平整，施工顺序是否合理，工人操作是否规范等，均可通过"看"进行检查、评价。

（2）"摸"

"摸"就是手感检查，主要用于装饰工程的某些检查项目，如水刷石黏结牢固程度、油漆的光滑度，浆活是否掉粉，地面有无起砂等，均可通过"摸"加以鉴别。

（3）"敲"

"敲"是运用工具进行声感检查。对地面工程、装饰工程中的水磨石、面砖、锦砖和大理石贴面等，均应进行敲击检查，通过声音的虚实确定有无空鼓，还可根据声音的清脆和沉闷，判定属于面层空鼓或底层空鼓。此外，用手敲玻璃，如发出颤动声响，一般是因为底灰不满或压条不实。

（4）"照"

对于难以看到或光线较暗的部位，可采用镜子反射或灯光照射的方法进行检查。

2.实测法

实测法是通过实测数据、施工规范及质量标准所规定的允许偏差对照，来判别质量是否合格。实测法的手段可归纳为"靠、吊、量、套"四个字。

第一，"靠"是用直尺、塞尺检查墙面、地面、屋面的平整度。

第二，"吊"是采用托线板或线锤吊线检查垂直度。

第三，"量"是用测量工具和计量仪表等检查断面尺寸、轴线、标高、湿度、温度等的偏差。

第四，"套"是指以方尺套方，辅以塞尺检查。

3.试验法

试验法是指必须通过试验手段，才能对质量进行判断的检查方法。例如，对桩或地基进行静载试验，确定其承载力；对钢结构进行稳定性试验，确定其是否有失稳现象；对钢筋焊接头进行拉力试验，检验焊接的质量等。

三、质量控制统计方法

（一）排列图法

排列图法又称为主次因素分析法，是找出影响工程质量因素的一种有效方法。排列图法的实施步骤如下：

第一，确定调查对象、调查范围、调查内容和提取数据的方法，收集一批数据（如废品率、不合格率、规格数量等）。

第二，整理数据，按问题或原因的频数（或点数），从大到小排列，并计算其发生频率和累计频率。

第三，作排列图。

第四，分类。通常把累计频率百分数分为三类：0～80%为 A 类，是主要因素；80%～90%为 B 类，是次要因素；90%～100%为 C 类，是一般因素。

需要注意的是，主要因素最好是 1～2 个，最多不超过 3 个，否则，主次因素分析就失去了意义。

（二）因果分析图法

因果分析图也称为特性要因图，是用来表示因果关系的。此方法是对质量问题特性有影响的重要因素进行分析和分类，通过整理、归纳、分析，查找原因，采取措施，解决质量问题。

要因一般可从以下几个方面来找，即人员、材料、机械设备、工艺方法和环境。

因果分析图画法的主要步骤如下：

第一，确定需要分析的质量特性，画出带箭头的主干线。

第二，分析造成质量问题的各种原因，逐层分析，由大到小，追查原因中的原因，直到找出具体的解决措施为止。

第三，按原因大小用枝线逐层标记在图上。

第四，找出关键原因，并标注在图上。

（三）直方图法

直方图法又称为频数分布直方图法，它是将收集的质量数据进行分组整理，绘制成频数分布直方图，并用来描述质量分布状态的一种方法。因此，直方图又称为质量分布图。

产品质量受各种因素的影响，必然会出现波动。即使用同一批材料，同一台设备，由同一操作者采用相同工艺生产出来的产品质量也不会完全一致。但是，产品质量的波动有一定的范围和规律，质量分布就是指质量波动的范围和规律。

（四）控制图法

控制图法又称为管理图法，是分析和控制质量分布动态的一种方法。产品的生产过程是连续不断的，因此，应对产品质量的形成过程进行动态监控。

1.控制图的原理

控制图是依据正态分布原理，合理控制质量特征数据的范围和规律，对质量分布动态进行监控。

2.控制图的画法

绘制控制图的关键是确定中心线和控制上下界线。由于控制图有多种类型，如 X（平均值）控制图、S（标准偏差）控制图、R（极差）控制图、X－R（平均值－极差）控制图、P（不合格率）控制图等，每一种控制图的中心线和上下界线的确定方法不一样。因此，为了应用方便，人们编制出各种控制图的参数计算公式，使用时只需查表，再简单计算即可。

3.控制图的分析

第一，数据分布范围分析。数据分布应在控制上下界线内，若跳出控制界线，则说明质量波动过大。

第二，数据分布规律分析。数据分布就是正态分布。

（五）相关图法

相关图又称为散布图。在质量控制中，它是用来显示两种质量数据之间关系的一种图形。

相关图的原理及画法：将两种需要确定关系的质量数据用点标注在坐标图上，然后根据点的散布情况判别两种数据之间的关系，并进一步弄清影响质量特征的主要因素。

（六）分层法

分层法又称为分类法，是根据不同的目的和要求，按某一性质对调查收集的原始数据进行分组、整理和分析的方法。分层的目的是突出各层数据间的差异，使层内的数据差异减少。在此基础上再进行层间、层内的比较分析，可以更深入地发现和认识质量问题。由于产品质量是多方面因素共同作用的结果，因而对同一批数据，可以按不同性质分层。这也有助于人们从不同角度来考虑、分析产品存在的质量问题和影响因素。

常用的分层依据有：

第一，按操作班组或操作者分层。

第二，按使用机械设备型号分层。

第三，按操作方法分层。

第四，按原材料供应单位、供应时间或等级分层。

第五，按施工时间分层。

第六，按检查手段、工作环境等分层。

分层法是质量控制统计分析方法中最基本的一种方法。其他统计方法一般都要与分层法配合使用。

（七）调查表法

调查表法又称为统计调查分析法。它是利用专门设计的统计表收集、整理质量数据并粗略分析质量状态的一种方法。

在质量管理活动中，利用统计调查表收集数据，简便灵活，便于整理，实用有效。它没有固定格式，使用者可根据需要和具体情况，设计出不同的统计调查表。

常用的调查表有以下几种：

第一，分项工程作业质量分布调查表。

第二，不合格项目调查表。

第三，不合格原因调查表。

第四，施工质量检查评定调查表。

四、工序质量管理

工程项目的施工过程是由一系列相互关联、相互制约的工序构成的，工序质量是基础，直接影响工程项目的整体质量。要控制工程项目施工过程的质量，必须先控制工序的质量。

工序质量包含两个方面的内容：一是工序活动条件的质量；二是工序活动效果的质量。从质量控制的角度来看，这两者是互相关联的。一方面要控制工序活动条件的质量，即每道工序投入品的质量（如人、材料、机械、方法和环境的质量）是否符合要求；另一方面要控制工序活动效果的质量，即每道工序施工完成的工程产品是否达到有关质量标准。

五、质量检查、检测手段

在施工项目质量管理过程中，常用的检查、检测手段有以下几个：

（一）日常性的检查

日常性的检查即在现场施工过程中，质量管理人员（专业工人、质检员、技术人员）对操作人员的操作情况及结果的检查和抽查。日常性的检查有助于及时发现质量问题或质量隐患、事故苗头，以便及时进行控制。

（二）测量和检测

利用测量仪器和检测设备对建筑物水平和竖向轴线标高几何尺寸、方位进行确认，对建筑结构施工的有关砂浆或混凝土强度进行检测，严格控制工程质量，发现偏差时要及时纠正。

（三）试验及见证取样

各种材料及施工试验应符合相关规范和标准的要求，如原材料的性能，混凝土搅拌的配合比和计量，坍落度的检查等，均须通过试验的手段进行控制。

（四）实行质量否决制度

质量检查人员和技术人员对施工中存在的问题，有权以口头方式或书面方式要求施工操作人员停工或者返工，以此来纠正违规行为，责令将不合格的产品推倒重做。

（五）按规定的工作程序管理

预检、隐检应有专人负责并按规定检查，进行记录，第一次使用的混凝土配合比要进行开盘鉴定，混凝土浇筑应经申请和批准，完成的分项工程质量要进行实测实量的检验、评定等。

六、成品保护措施

在施工过程中，有些分项、分部工程已经完成，其他工程尚在施工，或者某些部位已经完成，其他部位正在施工，如果对成品不采取完善的措施加以保护，就会对这些成品造成损伤，影响质量。这样，不仅会增加修补工作量、浪费工料、拖延工期，而且有的损伤难以恢复到原样，会成为永久性缺陷。因此，做好成品保护，有助于确保工程质量，降低工程成本，按期竣工。

第一，要培养全体职工的质量观念，对国家、人民负责，自觉爱护公物，尊重他人的劳动成果，在施工操作时爱惜成品。

第二，要合理安排施工顺序，采取行之有效的成品保护措施。

（一）施工顺序与成品保护

合理地安排施工顺序，按正确的施工流程组织施工，是进行成品保护的有效途径之一。

第一，遵循"先地下后地上""先深后浅"的施工顺序，这有利于保护地下管网和道路路面。

第二，地下管道与基础工程相配合进行施工，可避免基础完工后再打洞挖槽，安装管道，影响施工质量和进度。

第三，先完成房心回填土施工，再做基础防潮层，则可保护防潮层不受填土夯实损伤。

第四，装饰工程采取自上而下的流水顺序，可以使房屋主体工程完成后，有一定沉降期；先做好屋面防水层，可防止雨水渗漏。这些都有利于保证装饰工程的质量。

第五，先做地面，后做顶棚、墙面抹灰，可以保证下层顶棚、墙面抹灰不受渗水污染；但在已做好的地面上施工，须对地面加以保护。若先做顶棚、墙面抹灰，后做地面，则要求楼板灌缝密实，以免漏水污染墙面。

第六，楼梯间和踏步饰面，宜在整个饰面工程完成后，再自上而下地进行；门扇、窗扇的安装通常在抹灰后进行；一般先油漆，后安装玻璃。按照这些施工顺序进行施工都是有利于成品保护的。

第七，当采用单排外脚手架砌墙时，由于砖墙上面有脚手架洞眼，因此，在一般情况下，内墙抹灰须待同一层外粉刷完成、脚手架拆除、洞眼填补后，才能进行，以免影响内墙抹灰的质量。

第八，先喷浆再安装灯具，可避免污染灯具。

第九，当铺贴连续多跨的卷材防水屋面时，应按先高跨后低跨，先远（离交通进出口）后近，先天窗油漆、玻璃后铺贴卷材屋面的顺序进行。这样就不用在铺好的卷材屋面上行走或在其上堆放材料、工具等，有利于保证屋面的质量。

综上所述，只有合理安排施工顺序，才能有效地保护成品的质量，也才能有效地防止后一道工序损伤或污染前一道工序。

（二）成品保护的措施

成品保护的主要措施有"护、包、盖、封"。

1."护"

"护"就是提前保护，以防止成品可能发生的损伤和污染。例如，为了防止清水墙面污染，在脚手架、安全网横杆、进料口四周提前钉上塑料布或纸板；清水墙楼梯踏步采用护棱角铁上下连通固定；门口，在推车容易碰到的部位，可根据车轴的高度钉上防护条或槽形盖铁；进出口台阶应垫砖或方木，搭脚手板，供人通行；门扇安好后要加楔固定。

2."包"

"包"就是进行包裹，以防止成品被损伤或污染。例如，大理石或高级水磨石块柱子贴好后，应用立板包裹捆扎；楼梯扶手易污染变色，涂刷油漆前应裹纸保护；铝合金门窗应用塑料布包扎；炉片管道污染后不好清理，应包纸保护；电气开关、插座、灯具等设备也应进行包裹处理，防止喷浆时污染。

3."盖"

"盖"就是表面覆盖，防止堵塞损坏。例如，预制水磨石、大理石楼梯应用木板、加气板等覆盖，以防操作人员踩踏和物体磕碰；水泥地面、现浇或预制水磨石地面，应铺干锯末保护；高级水磨石地面或大理石地面，应用苫布或棉毡覆盖；落水口、排水管安好后要加以覆盖，以防堵塞；其他需要防晒、防冻、保温养护的项目，也要采取适当的覆盖措施。

4. "封"

"封"就是局部封闭。例如，预制磨石楼梯、水泥抹面楼梯施工后，应将楼梯口暂时封闭，待达到上人强度并采取保护措施后再开放；室内塑料墙纸、木地板油漆完成后，均应立即锁门；屋面防水做好后，应封闭上屋面的楼梯门或出入口；室内抹灰或浆活儿交活儿后，为调节室内温、湿度，应有专人开关外窗。

总之，在工程项目施工中，必须充分重视成品保护工作。道理很简单，哪怕生产出来的产品是优质品、上等品，如果保护不好，遭受损坏或污染，那也将会成为次品、废品。

第八章 建筑工程风险管理

第一节 建筑工程风险识别

一、建筑工程风险识别的基础知识

（一）风险的定义和分类

风险是指能够产生不良后果的某种可能性。在建筑工程项目中，风险可以定义为与项目目标的实现可能相冲突的不确定性事件。风险可能来源于内部因素或外部因素。

风险可以按照其来源、性质、影响和概率进行分类。按来源分类，风险可以分为内部风险和外部风险。按性质分类，风险可以分为技术风险、管理风险、金融风险、市场风险等。按影响分类，风险可以分为财务风险、安全风险、环境风险等。按概率分类，风险可以分为高风险、中风险、低风险。

将风险进行分类是为了帮助管理者更好地理解风险，使得风险的识别、评估和处理更加准确和有针对性。管理者在有效识别和评估风险的基础上，可以更好地制定风险管理策略和实施风险管理措施。

（二）风险识别方法

在建筑工程项目中，风险识别是进行风险管理的第一步，其目的是在项目开始前发现和确定可能对项目产生负面影响的各种风险因素。在风险识别阶段，需要应用一系列的方法和技术，以充分识别各类风险。以下是一些建筑工程项目风险识别的具体方法：

1.问卷调查法

问卷调查法是快速获取项目信息和问题的有效方法，可以在保证匿名的情况下，开展问卷调查，以此来获取项目所有相关方的意见。问卷通常由专家、业主代表等专业人士编制，问题设置要求全面、准确，内容应涵盖多个领域，如财务、安全、技术等。

2.风险框架法

风险框架法是风险识别和管理的常用方法。该方法通常按照项目的不同阶段，对风险因素进行分类，并利用专业知识进行风险识别。该方法的优点是可以快速确定关键风险，及时制定应对策略。

3.会议讨论法

会议讨论法是集思广益的一种方法，可以通过专家、业主代表等相关人员共同讨论，充分发掘潜在的风险因素，从而更加全面地识别风险。

4.现场考察法

现场考察法是通过对建筑工程项目的实地考察，了解项目实际情况，进而识别可能存在的风险的一种方法。相关管理人员在进行实地考察时，需要有专业人员对建筑工程项目进行全面分析，这有助于管理人员从各个方面（如场地、环境、人员等）进行观察，以便发现潜在的风险。

风险识别是建筑工程项目风险管理的重要组成部分。相关管理人员选择合适的风险识别方法可以更好地识别潜在的风险，帮助企业避免不必要的损失，保障项目安全和顺利进行。

二、建筑工程风险识别的实践应用

风险识别案例分析、选择合适的风险识别工具以及风险管理策略的制定与实施，都是建筑工程项目风险识别实践应用中不可或缺的步骤，对于成功实施建筑工程项目至关重要。

（一）风险识别案例分析

在建筑工程项目中，风险识别是非常重要的一个方面。在风险识别过程中，一个常用的方法是通过案例分析来寻找建筑项目的共性和特性，从而有效地进行风险识别。

例如，在某个建筑工程项目中，由于原材料价格波动较大，导致项目成本超出预算。经过案例分析，可以发现类似的材料价格波动的风险是很普遍的，因此，相关人员在下一个项目的预算中应该考虑这种风险，并制订相应的控制方案。此外，在另一个工程项目中，由于施工进度无法按照计划进行，导致整个项目延误。通过案例分析，可以发现在施工过程中可能会出现许多意外情况，如恶劣天气、材料供应不及时等。因此，相关人员在项目规划中就应该充分考虑这些潜在的风险因素。

（二）风险识别方法的选择与应用

在建筑工程项目中，选择合适的风险识别方法能够有效地发现潜在的风险，为风险管理提供有力的支持。下面将从多个方面介绍风险识别方法的选择与应用：

1.常见的风险识别方法

目前，建筑工程项目中常用的风险识别方法包括但不限于 SWOT（Strengths Weaknesses Opportunities Threats，即，优势、劣势、机会和威胁）分析法、故障树分析（Fault Tree Analysis，以下简称"FTA"）法、失效模式及影响分析（Failure Mode and Effects Analysis，以下简称"FMEA"）法、层次分析（Analytic Hierarchy Process，以下简称"AHP"）法以及头脑风暴法等。不同的风险识别方法适用于不同类型的风险，其会因为具体项目情况的不同而产生差异。

2.风险识别方法选择的标准

在选择合适的风险识别方法时，应该以适用范围、使用难度、可操作性、可靠性、有效性作为标准。

（1）适用范围

不同的风险识别方法，其适用范围是不同的。例如，FTA 适用于预测某个特定事件发生的概率；FMEA 适用于识别可能导致重大故障的单个或多个故障模式等。在选择风险识别方法时，应该首先确定项目涉及的风险类型，然后选择最为适合的方法。

（2）使用难度

不同的风险识别方法在使用难度上也会有所不同。一些方法的使用步骤较复杂，需要专业人员进行指导和解释，而另一些方法则比较容易操作。在选择方法时，应该考虑项目部的技术水平和岗位职责，选择使用适当的方法。

（3）可操作性

有些方法的使用需要大量的数据支持，而有些则可以依靠简单的讨论进行。在选择方法时，应该考虑其可操作性，避免因项目部人员操作过于烦琐而导致其无法使用。

（4）可靠性

不同的方法也会有不同的可靠性。FTA、FMEA 和 SWOT 分析等方法在模糊和不确定性环境下的可靠性会严重受到影响，而 AHP 则可以根据多个因素的权重确定最终结果。在选择方法时，应该根据项目实际情况确定所需的可靠性水平。

（5）有效性

最终需要选择最为有效的风险识别方法。因为即使使用了合适的方法，但是如果不能有效地发现风险，那么方法的选择也没有意义。在选择方法时，应该考虑方法的实际效果以及人力投入、时间成本等因素。

综上所述，选择合适的风险识别方法需要考虑多个因素。只有进行了全面考虑，才能选择最为合适的风险识别方法。选择合适的风险识别方法是风险识别的前提，也是整个项目风险管理的基础。

（三）风险管理策略的制定与实施

1.风险管理策略的制定

要制定有效的风险管理策略，需要遵循以下三个原则：

（1）综合性原则

该原则要求综合考虑各类风险，包括技术风险、管理风险、市场风险、经济风险等。

（2）可操作性原则

该原则要求制定具有可操作性的风险管理策略，即能够对不同风险采取不同措施，具体操作时不会出现模棱两可、无法实施的情况。

（3）风险分担原则

该原则要求通过合理的风险分担方式达到降低风险、提高效益的目的。

在制定风险管理策略时，还需要科学地制订相应的管理方案，并在实际操作过程中定期对其进行评估和修正，使其不断完善。

2.风险管理策略的实施

在实施风险管理策略的过程中，要注意以下几个方面：

（1）明确责任

在实施风险管理策略时，各个责任部门要明确其职责，并及时汇报风险情况。

（2）全员参与

要实现风险管理的全员参与，其中包括领导、管理人员和施工人员等。

（3）防范措施的实施

在实施防范措施的过程中，应确保实施的措施符合风险管理策略的各项要求。

（4）进展情况的监控

在风险管理的实施过程中，要随时监控进展情况，并及时调整防范措施和应对策略。

在建筑工程项目风险管理策略的制定和实施过程中，相关人员需要不断地总结经验和教训，调整和完善风险管理策略，实现风险控制和效益提升。

三、建筑工程风险识别的优化研究

（一）风险识别与实践的反馈机制

在风险识别中，反馈机制的作用至关重要，因为它有助于识别者提高风险识别的准确性和完整性，从而提高识别者对风险的识别能力。

在建筑工程中，风险识别涉及信息收集和分析工作，因此，信息获取和传递的反馈机制对于正确识别风险至关重要。反馈机制可以帮助项目管理者发现风险识别过程中的错误和遗漏问题，并及时采取补救措施，从而提高风险管理的质量和效率。

为此，相关人员应该在风险识别过程中注重数据的收集和传递，建立相应的数据反馈机制，及时纠正错误的数据。同时，还要加强沟通和协作，加强识别者之间的信息交流和知识共享，提高风险识别的准确性和精度。

反馈机制对于建筑工程项目风险识别至关重要。在风险识别的实践中，相关人员应该加强对反馈机制的重视，建立有效的反馈机制，从而提高风险管理的效率和质量。

（二）风险识别的效率与准确性提升

为了提高建筑工程项目风险识别的效率和准确性，需要采用一些更为科学的方法和手段。其中，基于数据分析的风险评估方法是较为有效的。

第一，建立风险评估模型是提高风险识别效率和准确性的重要举措。模型可以采用统计学、数据挖掘等技术，对项目参考数据进行分析，建立能够反映项目特征和风险特点的评估模型。这样不仅可以方便项目管理者识别项目风险，而且可以通过模型对风险事件进行预测，提前预防和避免风险事故的发生。

第二，建立完善的数据收集机制是提高风险识别准确性的重要保障。数据收集可以利用项目管理软件、云盘等工具实现，进行各种数据类型和数据来源的汇总，包括财务数据、工期进度、施工质量、技术参数等。通过数据的收集和整理，可以建立数据库，构建数据分析的框架，为风险识别提供科学依据。

第三，建立有效的风险识别流程和机制是提高风险识别效率的重要途径。在风险识别过程中，应采用多种手段进行风险分析和评估，如FMEA，完善识别的流程和相应的操作规范，打造一支高素质的风险识别团队，提高风险识别的效率和准确性。

第四，建立健全的风险管理制度是提高风险识别效率与准确性的保障。建筑施工企业应制定并完善风险管理手册和管理规范，明确风险评估、分析、控制和应急处理等方面的责任分工和工作程序。重要的是，制定具有灵活性和前瞻性的风险管理制度，完善监控措施和风险预测机制，确保风险管理工作的科学、规范和有效实施。

建筑工程项目风险识别是风险管理工作的重要内容，通过采用科学、规范、合理的方法和手段，可以提高风险识别的效率和准确性，从而更有效地防范和控制项目风险。

（三）风险识别与项目管理的融合

在建筑工程项目管理中，风险识别和项目管理的融合对于项目成功实施至关重要。

首先，风险识别需要在整个项目周期中持续进行，这一点需要在项目管理中得到体现。项目管理可通过设置风险管理计划、控制风险、实时监测和反馈等手段将风险识别和评估融入项目计划和实施中。例如，在项目计划初期，需要制定风险识别和评估的标准与流程，并由项目管理人员、专家和相关人员一起制定风险识别和评估的标准。在项目实施阶段，须设立专门的风险识别小组，定期收集和分析项目风险信息，以便及时进行调整和反馈。

其次，项目管理还应对风险进行分类和分级处理，根据风险的重要性、影响程度和可能性等因素确定处理优先级。在项目风险管理中，应有针对性地采取风险防范和应对措施，提高对项目风险的应对能力和响应速度。同时，项目管理人员需要对风险进行监控和跟进，在风险状态发生变化时及时采取行动，并在项目实施中记录和总结经验教训，以此来不断提高风险识别和预防能力。

最后，在项目管理过程中，还需要注重风险应对策略的制定和执行，不断完善风险管理计划和改进措施。在日常管理中，项目管理人员应不断学习相关行业的专业知识和先进技术，制定科学合理的风险管理政策和程序，及时优化风险管理计划。同时，企业还应加强项目管理人员的风险意识，提高项目管理人员和项目实施人员的风险识别与规避能力。

第二节　建筑工程风险评估

一、建筑工程风险评估概述

（一）建筑工程风险评估的概念

建筑工程风险评估是在对各种风险进行识别的基础上，综合衡量风险对项目实现既定目标的影响程度。建筑工程项目中存在着诸多风险，如资金筹措、政策法规变化以及自然灾害等，这些风险将会对项目的完成产生不利影响。

对于建筑工程项目来说，风险评估非常重要。风险评估可以帮助项目管理人员在项目初期识别项目中可能存在的各种风险，进而找出各种可能的解决方法，制定相应的措施，并对各种潜在风险进行预测和预防，以确保工程项目能够按照规定的时间、质量和成本目标合理完成。

同时，风险评估也能够为参与建筑工程项目的各方提供参考，如投资人、承包商、设计师等，他们可以通过风险评估的结果明确自己在项目中所承担的风险和责任，并能够采取相应的风险控制措施，从而减少潜在损失。因此，建筑工程项目风险评估对所有参与方来说都是非常重要的。

当然，由于建筑工程项目的复杂性和不确定性，风险评估并不是一件容易的事情。风险评估需要对项目本身进行全面的分析和了解，同时还需要考虑外部的监管政策和市场环境等因素。因此，在建筑工程项目中，如何科学地进行风险评估，成了摆在专业人士面前的一道难题。

（二）建筑工程风险评估的意义

建筑业是一个高风险性的行业，其要面对财务、技术、市场和政策等多方面的风险。如何降低风险并提高工程项目成功的概率，是每一位建筑业从业人员必须面对的问题。风险评估能在一定程度上帮助建筑业从业人员解决这个问题。

风险评估的意义在于：通过分析和评定项目风险因素的可能性和影响程度，为项目决策提供依据，从而减少不确定性和提高项目成功实施的概率。在项目前期，风险评估可以对方案设计、技术选型和投资决策等提供帮助；在工程实施中，风险评估可以帮助管理者及时制定应对措施，并提醒各参与方注意可能发生的问题，从而降低整个工程项目的风险。

建筑工程项目特别需要进行风险评估，因为建筑工程项目从开始实施到结束，会受到很多因素的影响。例如，市场对建筑工程的质量要求很高，施工单位需要确保用料质量和施工人员的技术水平符合要求，因为质量问题可能会导致项目停工和进行赔偿等后果；建筑工程的周期长，需要耗费大量的人力、物力和财力，而资金不到位可能会影响工程进度；建筑工程的场所通常在人口密集的城市区域，一旦发生安全事故，可能会造成较大社会影响和舆论。

建筑工程项目风险评估的意义在于提高管理者决策的合理性和科学性，降低不确定性，从而有效控制项目风险，确保工程顺利完成，满足各方利益的要求。

（三）建筑工程风险评估的方法

为了能够更准确、全面地评估建筑工程项目的风险，需要采用合适的评估方法。下面将详细介绍建筑工程项目风险评估常用的方法：

1.定性分析法

定性分析法是一种进行预测和评估的常用方法。这是一种从人的主观意识角度来对事物作出判断的方法，是比较直观、简便和非理性的识别方法。定性分析方法主要有调查问卷法、德尔菲法、头脑风暴法、风险源清单法、主观评分法。

2.定量分析法

定量分析法需要使用风险分析工具进行分析，如蒙特卡罗模拟法、分析层次法等。

这些工具需要通过特定的输入参数来模拟和评估风险分析的结果。这种方法通常需要采用一定的统计学方法，以数据为基础，进行风险评估并定量地分析建筑工程项目。

3.案例研究法

案例研究法是一种基于历史情况进行研究分析的方法。在进行建筑工程项目风险评估时，通过分析之前发生的类似案例，可以找到某些共同点，并预测未来可能发生的类似情况。这种方法比较适用于建筑工程项目的风险评估。

在进行建筑工程项目风险评估时，需要根据实际情况选择合适的评估方法。

二、建筑工程风险评估的影响因素分析

建筑工程项目风险评估的影响因素对于建筑工程项目的成功实施具有重要意义。在这些影响因素中，一些关键性因素必须被重视，同时在风险评估的过程中，多个因素交织并相互影响。建筑工程项目的成员、市场环境、政策、技术、组织管理和风险心理等均为重要因素。由于篇幅有限，下面重点分析市场环境因素和政策因素：

（一）市场环境因素

市场环境因素是影响建筑工程项目风险评估的重要因素之一。市场环境不断变化，涉及的因素也呈现多样化和不确定性。在市场供求关系日益紧张的情况下，建筑工程项目的风险评估需要更为严格和全面。

首先，市场需求变化是市场环境变化的主要表现形式之一。随着社会经济水平的提高，城市化进程加速，需要建造的住宅、商场、娱乐场所等工程项目也日益增多，由此产生的投资需求和市场需求变化对风险评估产生了重要影响。

其次，市场价格波动也是市场环境不稳定的重要表现形式之一。市场价格的波动关系到建筑工程项目的投资成本和开发价值，对于风险评估的影响必须加以重视。

最后，市场的供给也会因为政策的变化和其他社会经济因素的影响而发生变化，从而对建筑工程项目的风险评估产生巨大的影响。

为降低市场环境因素造成的不稳定性，建设单位和开发者需要更加全面地评估市场需求和市场供给的变化，制定出更为可行的风险应对策略，如采取适当的投资分散策略和保险策略等，以此来降低市场环境因素对建筑工程项目风险评估的影响。

（二）政策因素

在建筑工程项目风险评估中，政策因素是一个值得重视的因素。

首先，政策因素对建筑企业的投资决策和规划非常重要。政府在经济和财政政策上的变化，一定程度上会影响建筑工程项目的组织和实施。例如，国家财政政策、货币政策和国际贸易政策的变化，将直接或间接地影响建筑工程项目的资金来源、资金成本和风险。此外，政策环境的变化也会引起资本市场和金融市场的波动，这将进一步影响建筑工程项目的投资收益率和可能出现的风险。

其次，政策因素还会对建筑工程项目的需求和市场产生重要的影响。政策因素对社会发展、经济增长，以及城市规划和产业结构调整等都会产生影响。例如，经济发展和政策调整，对城市规划和房地产市场都会产生重大影响。政策上的变化将直接或间接影响建筑工程项目的市场需求和市场价格，对于建筑工程项目的投资决策和风险评估十分重要。

最后，政策因素会对建筑工程项目的成本和进度有重要的影响。政府的政策调整、政策执行和政策落实，都会对建筑工程项目的实施产生影响。特别是政策的执行和监管方面，一旦出现失误，将很可能导致建筑工程项目的成本超支、进度滞后和项目质量变差等情况。因此，在评估建筑工程项目风险时，必须充分考虑政策因素的影响，以便准确地评估和控制风险。

三、建筑工程风险评估的实践应用

（一）风险评估在建筑工程项目中的应用

在建筑工程项目中，风险评估是非常重要的一步。只有通过风险评估，企业才能更好地控制项目的风险，保证项目的顺利进行。在建筑工程项目中，风险评估的应用主要体现在以下几个方面：

第一，需要进行项目的概况分析。通过对项目概况进行分析，可以更好地了解项目的目标、环境、影响因素等。这是风险评估的基础，只有深入了解项目本身，相关人员才能更好地识别和评估项目风险。

第二，需要对项目的风险进行细分。一般来说，风险可分为市场风险、工程风险、资金风险。通过对风险进行细分，相关人员可以更加有针对性地进行风险评估，从而提升评估的准确性。

第三，需要对不同风险进行优先级的排序，从而更好地安排项目的工作计划。通过对风险进行排序，相关人员可以更加了解项目的重点与难点，有助于制订更合理的工作计划。

第四，需要对已经出现的风险及时采取应对措施。在风险评估的过程中，项目一定会存在不同程度的风险，相关人员需要采取相应的应对措施，从而减小风险对项目实施的影响。这也是风险评估的重要目的之一。

建筑工程项目中的风险评估是一个非常复杂的过程，需要相关人员对项目进行深入的了解和分析，才能更好地识别和评估风险。只有通过科学而严谨的风险评估，才能更好地保证项目的顺利进行。

（二）风险评估在建筑工程项目中的难点与挑战

在建筑工程项目中，风险评估是不可或缺的一环。风险评估可以帮助项目管理者对各种可能出现的风险进行全面的调查和分析，为项目决策和风险管理提供有力支持。然而，风险评估在实践过程中也会面临一些难点与挑战。

首先，建筑工程项目涉及的因素非常复杂。建筑工程是一个系统工程，不仅仅包括土建施工，还涉及机电设备、结构、环保、人力资源等多个方面的内容。这些方面的风险评估需要跨学科、多专业人员的协作。这也说明风险评估工作具备高度的综合性和系统性，对风险评估人员的工作能力有较高的要求。

其次，建筑工程项目在建设过程中常常会受到政策法规、自然灾害、市场环境等外部因素的影响，这也会给风险评估带来较大的不确定性。如何准确评估这些外部因素带来的风险，是风险评估工作必须解决的问题。

最后，在风险评估中，常常会面对信息系统化程度不高、缺乏可靠性数据等问题。由于建筑工程项目的复杂性和特殊性，相关的信息系统化程度较低，很多的数据需要通过人工调查和分析来获取。这不仅会增加风险评估的时间成本，也会降低评估结果的可靠性。

针对以上难点和挑战，建议在风险评估实践中，采取适当的方法和措施。首先，加强人员培训和交流，建立跨专业、跨部门的合作机制，提高团队协作的水平。其次，在制订风险评估方案时，应充分考虑外部因素的影响，顺应市场趋势和改革要求，及时更新评估预测模型和评估指标，以此来保证评估结果的可靠性。最后，加强信息系统建设，提高信息化程度，采用先进的技术手段进行可靠性数据的收集，从而提高风险评估的效益和水平。

在建筑工程项目风险评估的实践应用中，各种难点和挑战是非常常见的。相关人员只有通过不断地探索和尝试，才能不断提高风险评估的准确性和可靠性，为建筑工程项目的实施提供有力的保障。

（三）优化建筑工程项目风险评估的方法

为了更好地管理工程风险，不断探索优化风险评估的方法尤为重要。

首先，建立完善的风险评估体系是优化风险评估方法的前提。建筑工程项目的风险评估体系不仅包括前期风险评估、方案设计风险评估、施工实施风险评估等各个环节，还需要与实际工程管理相结合，注重工程实施的监控和反馈，不断完善体系框架。

其次，应尝试引入先进的技术手段，如人工智能、大数据等，在风险评估中实现信息化管理，提高评估的准确性和及时性。特别是在建筑工程项目施工过程中，往往会发生意外事件，如突发自然灾害，引入先进技术，能够帮助项目部及时掌握执行情况，在危机事件前进行更加全面的风险预判。

最后，在建筑工程项目中，合理分配资源、碎片化管理、保持高效沟通也是优化风险评估方法的重要措施。通过优化工程管理流程，尽可能避免资金、人力、物资等资源的浪费和滥用，从而实现项目工程生产效率的最大化，提高风险评估的整体效果。

在实际工程管理中，对于不同的项目类型、不同的风险类型，需要有针对性地选取相应方法，并不断总结经验，进一步优化风险评估方法，提高工程风险防控能力。

第三节　建筑工程风险的控制与管理

一、建筑工程风险的控制

（一）风险规避与转移

为了保障建筑工程项目的顺利实施，一定要针对潜在风险采取有效的规避措施和转移措施。项目部应该对潜在风险进行充分的调查和研究，找到存在的风险并对其进行详细的评估，以便针对实际情况制定出相应的规避策略和转移策略。

一方面，可以采用规避风险的措施，如采用优质的材料、技术等，规范施工，加强安全、卫生等管理。在进行风险规避时，项目部需要及时处理各种风险隐患，制订相关的应急预案，及时处理可能出现的问题，以便保障建筑工程项目的稳步推进。

另一方面，如果不能完全规避风险，还可以采用风险转移的方式来减少风险对项目实施的影响。通常采取保险等方式将风险转移给企业内部管理机构和保险公司等，来降低风险带来的影响，保证建筑工程项目的顺利进行。需要注意的是，在进行风险转移时，项目部必须制订相应的保险计划，以此来避免在进行风险转移过程中出现问题。

进行风险规避与转移是建筑工程项目管理过程中不可或缺的重要环节，项目部需要做好风险评估，制定科学合理的规避和转移风险的策略，采取适当的风险转移方式进行风险管理。

（二）风险监控与应对

在建筑工程项目管理中，风险监控与应对是项目经理需要面对的一项重要工作。在这个阶段，项目经理需要根据之前评估的风险在项目实施过程中对项目的进展进行实时监测，以便及时采取相应的应对措施来降低风险对项目实施的影响。

风险监控是指对已有的风险和可能的风险进行分析与评估，并对项目的进程进行跟踪、监督和控制。这一阶段需要重点关注项目风险的变化情况以及风险的影响程度，根据不同的情况采取相应的应对策略。同时，项目经理需要定期与项目的各方负责人员进行沟通，保证项目各方对于风险的清晰认识。

风险应对是指在监控项目进展的过程中，根据不同的风险情况采取不同的措施来应对风险。应对措施可以分为预防措施和弥合措施。预防措施是在项目策划的初期就应该充分考虑的措施，如在合同签订阶段就应该明确各方的责任和权利；弥合措施是风险发生后的应对措施，如拟定好紧急预案以备不时之需。

在风险监控与应对的过程中，项目经理需要实时检测项目风险的变化情况，并采取不同的应对措施来降低风险带来的影响，从而达到有效控制风险的目的。此外，在项目实施过程中，项目经理要定期与相关人员进行沟通以保持良好的合作关系。

二、建筑工程风险的管理

（一）风险管理体系的建立

在建筑工程项目风险管理中，风险管理体系的建立是至关重要的。风险管理体系是指组织管理体系中与风险管理有关的要素集合。在这一体系中，关键是要理解该体系的构成和各自的职责，从而确保风险管理体系的各个层面职责的充分发挥。

第一，风险管理体系应该包括风险管理机构。风险管理机构人员应该由风险评估人员、风险分析人员和风险控制人员组成。风险评估人员负责进行风险评估和确定风险等级；风险分析人员负责对所识别的风险进行深入分析和评估，以确定其可能带来的影响和风险等级；风险控制人员负责制订和实施风险控制计划，监督和跟踪风险控制措施的实施。

第二，需要建立风险管理职责分工明确的管理体系。风险管理人员应得到管理层的有效支持和授权，并对风险管理工作负责。风险管理人员需要针对不同管理层的需要，制订相应的风险管理计划、编制相应的风险分析报告，以供管理者参考。

第三，风险管理体系还应包括制定合适的风险管理流程，以此来确保风险管理工作的有序进行。在风险管理流程中，需要明确风险管理的各个过程和要求，包括风险识别、风险评估、风险分析、风险报告、风险审查和控制策略的选择。在风险管理流程中，需要充分考虑项目的特点，确保管理流程的精细化和可行性。

第四，在风险管理体系中，应该建立并完善风险管理规定和标准，保证风险管理工作的规范化。这些规定和标准应该围绕风险管理的各个方面展开，包括风险管理计划、风险管理流程、风险管理的记录和报告等。通过建立规定和标准，可以提高风险管理的水平和规范化程度，从而有效控制和管理风险。

（二）风险管理工具与技术应用

在建筑工程项目的风险管理中，风险管理工具与技术的应用是非常关键的一环。在这一环节中，要充分利用各种先进的管理工具和技术，以便更好地发现和分析项目中的风险，从而采取有效的措施来管理风险。

在当前的市场竞争环境下，建筑工程项目的风险管理已经逐渐从传统的主观经验管理向科学化管理转变。在这种趋势的推动下，越来越多的风险管理工具和技术被引入建筑工程项目中，以此来提高风险管理的效率和精度。例如，利用先进的数据分析工具，可以更好地预测和识别风险，并及时采取措施进行防范；利用先进的通信技术和管理软件，可以方便、快捷地进行信息共享和沟通，从而使得项目各方之间的协同配合更加顺畅。

在风险管理工具和技术的应用中，对于不同阶段的风险管理，也可以选择不同的工具和技术来进行。例如，在项目计划阶段，可以采用专业的项目管理软件，以便更好地进行进度和资源的控制管理；在施工过程中，可以利用追踪系统来实时监控人员和设备的运行情况，确保项目的顺利进行。

除了利用先进的科技工具，团队协作和沟通手段也是至关重要的。例如，通过建立互相沟通和交流的平台，团队成员可以更有效地交流与合作，这种方式也能在很大程度上避免或减少管理短板带来的风险。

风险管理工具和技术的应用对于建筑工程项目的风险管理至关重要。只有在合理利用各种工具和技术的前提下，才能够更好地识别项目中的风险，从而更科学地进行风险管理、控制和应对。

三、建筑工程风险管理实践

（一）项目实施前期的风险管理

项目实施前期的风险管理主要包括对项目地点的评估、场地勘探、项目可行性分析等。这些活动可以帮助项目团队在项目实施阶段避免或减少风险。

首先，在项目实施前期，对项目地点的评估不可或缺。在评估过程中需要考虑地理环境、政府政策以及社会背景等因素，以确定该地点是否适合建设，是否存在本质风险。例如，该位置处于地质灾害频发区域，或周边环境不利于施工，这些都是潜在的风险，需要通过合理的措施进行管控。

其次，场地勘探也是项目实施前期风险管理的重要环节。在场地勘探过程中，项目团队需要开展地质勘探、水文勘探等活动，以获取关于场地地形、地质构造、土壤、水文等方面的信息。通过对场地的充分了解，可以识别潜在的安全风险并及时制定相应的预防措施。

最后，在项目实施前期进行项目可行性分析也是非常必要的。项目可行性分析是对项目整体的分析评估，包括市场需求分析、技术可行性分析、财务可行性分析等。通过可行性分析，项目团队可以全面了解项目的可行性以及潜在风险，并提前制定应对措施。

项目实施前期的风险管理是建筑工程项目风险管理的重要环节之一。通过对项目地点的评估、场地勘探以及项目可行性分析等活动，项目团队可以更好地识别并控制风险，确保项目顺利实施。

（二）在项目实施过程中的风险管理

在建筑工程项目实施的过程中，风险管理的重要性不可低估。为了保证项目的进度和质量，一定要采取有效措施来降低风险。

第一，在项目启动之前，应该对项目进行全面的风险评估。根据风险评估的结果，合理进行资源配置，确保项目的可持续发展。

第二，在项目实施过程中，需要及时发现风险，并采取针对性的解决措施。要想做到这些，企业就需要对项目团队进行有效的培训，提高其风险识别和应对能力。同时，项目团队要做好项目跟踪和控制，及时发现和解决问题，避免问题扩大化和影响项目的顺利实施。

第三，在项目收尾阶段，也需要对风险进行管理。该阶段不仅要对项目进行全面的验收和评估，还要对项目过程和结果进行总结，分析并总结经验和教训，为未来项目的实施提供借鉴。

第四，通过实际案例分析，人们可以更深刻地认识风险管理的重要性。只有采取全面的风险管理措施，才能够有效降低项目风险，确保项目的顺利完成。因此，在实施建筑工程项目的过程中，一定要重视风险管理工作，采取有效措施来应对各种挑战和风险。

（三）项目收尾阶段的风险管理

在建筑工程项目的收尾阶段风险管理尤为重要。此时，项目快要结束，但需要完成的任务和事项仍有很多。如果在这个阶段出现问题，可能会对整个项目造成严重影响。

首先，需要进行全面的验收和评估工作，以确保项目达到预期目标和相应的质量要求。这时，需要对项目的各项指标进行详细的检查。例如，完成情况、质量状况、安全情况和项目投资回报等。只有通过严格的验收和评估，才能够保证项目的顺利完成。

其次，需要做好相关文件的归档工作。这个阶段的文件包括项目合同、工程图纸、技术文件、质量证明文件和验收报告等。这些文件对于项目的后期维护、法律问题处理和经验总结都非常重要。因此，在做好文件归档的同时，需要对文件进行分类整理和妥善存储。同时，还需要对项目相关人员进行培训，让他们了解相关文件的重要性和存储方式。

为了避免物质资源浪费和人力资源浪费，还需要对项目余料和库存材料进行处理，可以采取材料销售、回收和处理等多种方式，需要与业主、设计方和施工方等相关人员充分协商，确保作出最优决策。

最后，还需要做好项目后的评价工作。通过对整个项目的实施过程进行分析，运用项目管理经验和技术，总结出解决风险的方法和经验。这些经验和方法的应用将有助于提高项目的成功率和降低经济损失，有利于建筑工程项目的可持续发展。

在建筑工程项目收尾阶段，风险管理是必不可少的环节。只有深入了解项目的情况，充分规划风险管理，才能保证项目的成功和实现项目价值的最大化。

四、建筑工程风险管理的补充措施

（一）保险与担保

在建筑工程项目中，保险与担保是重要的风险管理措施之一。保险的作用是为项目提供一种经济补偿措施，以降低风险对项目造成的经济影响；而担保则是一种信用担保措施，通过担保费用对项目风险承担一定的经济责任。

对于建筑工程项目而言，保险包括人员意外伤害险、施工阶段保险、工程设计和监理保险、工程质量保险等。这些保险能够有效地降低与工程项目相关的风险的影响，同时也能够增强建筑企业的信心，增加投资者的信任度。因此，建筑企业及其项目管理者应该对保险的选择、投保方案的制订等方面进行细致的研究，保证项目各项风险都能够得到有效的控制和管理。

此外，保险与担保并不是简单地购买一份保单或支付一定的保证金，而是需要建立较为完备的风险管理与保险管理体系，建立科学的保险管理制度，规范保单的编制和理赔等流程，并与项目的整体管理相结合。只有这样，才能实现风险的有效控制和管理。

（二）合同管理

在建筑工程项目中，合同管理也是工程项目风险管理的一项重要举措。

首先，在工程合同的签订阶段，需要细心地审核合同，对于不明确或风险不确定的条款进行梳理和补充。此外，还需要排除合同的内外矛盾、漏洞和短处，强调事前写明约定而不是事后推理。为此，在审核合同条款时，需要全面考虑各个利益相关方的需求，保证双方签订的合同能对项目质量、安全、时间和成本等各方面进行风险控制。

其次，在工程合同的执行阶段，需要强化对合同的管理，严格控制履约过程，对于违约行为要严格追责。同时，要建立合同变更处理机制，确保监理、业主、施工单位等相关方能够及时了解合同的变更情况，防止因合同变更导致工程进度滞后的风险。

最后，合同的档案管理也是非常重要的一个环节。在工程的整个生命周期中，要保留所有涉及的文档，其中，合同档案必须齐全、详细、规范。针对工程进度变更等情况，要及时更新合同文件和变更通知书，确保关键信息的精准传递和记录。而在工程结束后，还要进行成果验收、结算款项，严格检查施工单位和监理单位的合同执行情况，为日后更好地签订合同以及复制经验提供指导。

合同管理是建筑工程项目风险管理的重要一环，只有合理地处理好合同管理的相关事宜，才能最大限度地保证工程施工的高效、规范、安全及顺利进行，实现风险最小化。

（三）知识管理

在建筑工程项目风险管理中，知识管理是一项重要的补充措施。通过对项目工作人员掌握的知识进行整合、传递与共享，能够有效提高项目管理者的管理和决策能力，最终实现对项目风险的有效预防与控制。

知识管理的过程包括知识的识别、获取、整合、传递、应用和评价等环节。在知识的识别阶段，需要将工作人员在项目管理过程中遇到的问题和解决方案记录下来，并将其归档。在知识获取阶段，需要将内部和外部的相关知识进行收集整理，形成一个完整的知识库。在知识整合阶段，需要对这些知识进行归类整合，并将其与现有的项目管理标准和规范相结合，形成项目管理的知识体系。在知识传递阶段，需要通过培训、会议、内部交流等多种方式对知识进行传递。在知识应用阶段，则需要将知识运用到实际的项目管理中，指导决策的制定和实施。在知识评价阶段，需要对知识的应用效果进行评价和归纳总结。

在知识管理过程中，还需要通过信息化技术手段保障知识管理的顺利进行。将相应的知识传授给项目工作人员，能提高其工作能力，从而使其在未来的项目管理中更好地预防和应对风险，提高项目的整体管理水平。

参 考 文 献

[1]曾海雄.浅谈建筑工程施工技术质量管理控制[J].建材与装饰,2016(45):133-134.

[2]曾志贤.加强建筑装饰工程施工技术管理的策略探讨[J].居舍,2022（17）：22-25.

[3]车崇辛.建筑工程施工技术及其现场管理[J].居舍，2021（14）：113-114.

[4]杨宝珠.建筑工程施工[M].武汉：华中科技大学出版社，2008.

[5]党瑞贯.房屋建筑工程施工技术与现场管理[J].大众标准化，2022（10）：154-156.

[6]黄典伟.建筑工程施工管理[M].北京：中国环境出版社，2006.

[7]冯汝静.关于建筑工程施工技术资料整理与管理方法[J].居舍,2021(25):131-132.

[8]顾涵.基于绿色施工技术的建筑工程施工与管理探寻[J].绿色环保建材,2019(10)：45.

[9]郭志坚.提升建筑工程施工技术管理水平的策略浅述[J].河南建材，2019（6）：155-156.

[10]胡湘菠.建筑工程施工技术优化管理探讨[J].建材与装饰，2017（11）：168-169.

[11]黄丹青.建筑工程施工技术及其现场施工管理探析[J].居业,2022（12）：136-138.

[12]江浩杰.建筑工程施工技术管理研究[J].房地产世界，2022（17）：110-112.

[13]蓝永静.建筑工程施工技术及其现场施工管理微探[J].居舍，2020（17）：139-140.

[14]李金柳.建筑工程施工技术资料整理与管理方法分析[J].建材与装饰，2019（16）：188-189.

[15]李丽.建筑工程施工技术资料整理与管理[J].江西建材，2017（11）：295，300.

[16]李明.建筑工程施工技术管理的对策[J].中国新技术新产品，2015（3）：123-124.

[17]李沐鸿.浅析装配式建筑施工技术在建筑工程施工管理中的应用[J].居舍，2021（4）：33-34，36.

[18]梁宁辉.建筑工程施工技术及其现场施工管理研究[J].中国住宅设施，2023（2）：142-144.

[19]刘桂玲.建筑工程施工技术管理水平有效提升策略研究[J].四川水泥，2018（4）：232.

[20]刘立波.建筑工程施工技术管理水平有效提升策略研究[J].建材与装饰，2019（16）：207-208.

[21]刘岩，姚翠.建筑工程施工技术管理及质量控制探讨[J].中国建筑装饰装修，2022（10）：150-152.

[22]孟庆忠.探究建筑工程施工技术管理水平有效提升策略[J].江西建材，2017（17）：264.

[23]孟宪洲，张国胜.建筑工程施工技术及其现场施工管理存在的问题及策略[J].住宅与房地产，2021（4）：169-170.

[24]齐文文.新时期建筑工程施工造价的控制对策及管理技术探究[J].绿色环保建材，2019（11）：229，231.

[25]史蓉.建筑工程施工技术资料的整理和管理方案研究[J].房地产世界，2022（13）：149-151.

[26]宋建军.建筑工程施工技术及其现场施工管理措施研究[J].房地产世界，2020（22）：67-69.

[27]田宝玉.建筑工程施工技术及其现场施工管理策略探讨[J].住宅与房地产，2021（9）：147-148.

[28]汪欣.建筑工程施工技术及其现场施工管理探讨[J].建材与装饰，2017（47）：139-140.

[29]王良琅.浅析建筑工程施工技术及其现场施工管理[J].散装水泥，2022（4）：71-73.

[30]王鹭.建筑工程施工技术资料整理与管理方法分析[J].四川水泥，2020（3）：171.